나는 당신의 아이가
## 키가 컸으면 좋겠습니다

# 10년 먼저 알면 10cm 더 키운다

# 나는 당신의 아이가
# 키가 컸으면 좋겠습니다

하성미 지음

두드림미디어

# 엄마가 아는 만큼
# 아이를 키울 수 있다

나는 20대 후반부터 한방 성장클리닉을 운영했다. 2005년에 박달나무한의원 대전점에서 봉직의로 일하면서 한방 성장클리닉을 찾는 부모님과 아이들을 만나기 시작했다. 처음에는 결혼도 하지 않은 나이에 아이들의 부모님과 상담하며 아이들의 건강과 습관을 돌보는 것이 익숙하지 않았다.

이후 결혼을 하고 아이를 낳아 기르면서 가슴으로 절절히 엄마들의 심정을 알고 공감하게 되면서 육아와 일은 내 삶의 대부분이 되었다. 더불어 내 개인의 성장에서도 큰 원동력이자 배움의 장이 되었다.

어느덧 첫 아이인 딸은 6학년이 되었고, 키도 160cm 가까이 자랐다. 딸이 초등학교 1학년 무렵, 나를 닮아 사춘기가 빨리 올 듯해서 발 빠르게 검사를 했다. 여지없이 뼈나이가 1년 6개월 정도 빨랐다. 초경을 늦추고 더 키우기 위해 그때부터 한약도 줄곧 먹였고, 생활 관리도 어느 정도 시키면서 운동할 환경을 만들어주었다. 그 결과 이제는 성조숙증도 없고 초경도 아직 없다. 더불어 둘째, 셋째인 아들 둘을 키우면서, '아들 안 키운 사람과는 말도 섞고 싶지 않다'라는 아들 키우는 고충을 토로하는 엄마들의 마음도 알아가는 중이다.

육아가 얼마나 고단한가. 남들이 말하는 엄친아, 문제아, 비만한 아이, 마른 아이 등등, 이 아이들을 키우는 부모님들의 노고가 얼마나 큰가. 특히 엄마, 할머니의 정성이 얼마나 크게 닿아 아이가 유아기를 넘기고 초등학생이 되고 청소년이 되는가. 나는 아이를 내 손으로 키우기 전엔 유난히 뚱뚱하거나 약하거나 예민한 아이들을 보면, 안타까움이 앞서 아이의 체질과 마음을 돌봄에 소홀했던 부모님을 탓하는 말을 하기도 했다.

그러나 내가 딸과 아들 둘을 키워본 후에야 알게 되었다. 부모님과 조부모님은 그분들이 아는 선에서 최선을 다했다. 잘 먹여야 큰다고 해서 무엇이든 잘 먹였더니 살이 찐 것이었고, 고기 먹이면 큰다고 해서 고기만 먹이고 채소를 골고루 먹이지 않았던 것뿐이다. 그랬더니 키는 안 크고 오히려 알레르기 질환이 생긴 것이었다. 또한, 맞벌이로 바빠서 스마트폰을 규제할 여력이 없어서 내버려두었더니 척추가 틀어진 것이었다. 어떤 아이는 잦은 잔병치레 때문에 소아과에서 먹이라는 대로 항생제를 자주 먹인 탓으로 오히려 면역력이 떨어져 계속 아프고 키도 덜 자랐다.

아는 선에선, 조건이 허락하는 선에선, 정말 최선의 노력을 기울였는데 생각보다 키가 작거나 건강이 안 좋아 고민인 경우가 너무 많았다.

"아이스크림이 감기에 안 좋은가요?"라고 묻는 어떤 엄마도 있었다. 당연히 알고 있을 거라 생각한 건강 상식도 모르고 있는 경우가 많았다. 그래서 상담 때마다 이런저런 건강 상식을 전하고 조언을 하던 이야기를 책으로 엮게 되었다. 알면 실천하게 되고, 그 결과로 아이들은 더 건강하고 더 크게 자랄 수 있다.

물론 철저하긴 힘들지만, 점선처럼 매일 조금씩 신경 써나가다 보면 매해 아이는 건강한 정신과 몸을 가지고 조금 더 자라 있을 것이다.

사람은 뭐든지 자신이 겪어봐야 제대로 아는 듯하다. 육아도, 키를 키우는 과정도, 세상살이도. 이 책을 읽는 독자님들이자 부모님이실 많은 분께, 그동안 아이 키운다고 고생 많았다고 다독여드리고 싶다. 혹여 아이가 키가 작다고 자책도 마시길 바란다. 그냥 지금부터 아이가 건강하게 잘 크도록 도우면 된다. 《성경》 '창세기'에 롯의 아내가 뒤를 돌아보아 소금기둥이 되지 않았던가. 돌아보지 말고 앞으로 나아갈 방법을 알고 행하면 되는 것이다. 아이가 이미 키가 거의 다 컸다면 건강하고 바른 자세를 만들어주어 숨은 키를 좀 더 찾아주면 될 것이다.

이 책이 많은 부모님과 아이들에게 건강과 훤칠한 키를 선물할 수 있기를 기도한다.

늘 내 삶의 원동력이 되는 나의 가족과 20년 가까운 시간을 함께 해온 자연뜰한의원 가족들, 나를 믿고 찾아와 준 아이들과 부모님들에게 감사하는 마음을 전한다. 전문직 딸을 두어 애 셋 육아에 노년의 시간을 바쳐준 나의 사랑하는 엄마, 제해자 여사님에게도 사랑과 감사하는 마음을 전한다.

하성미

**차례**

# CHAPTER 1

# 왜 우리 애만
# 키가 작을까?

# 왜 우리 애만
# 키가 작을까?

우리 아이의 키가 또래보다 작다면, 아이의 부모인 우리는 어떤 기분이 들까? 반면, 아이의 키가 또래보다 훤칠하게 크다면, 부모인 우리는 어떤 기분일까?

나는 초등학교 6학년 딸과 3학년과 7살 아들, 이렇게 3남매를 키우고 있는 엄마다. 한의사로서 '한방 성장클리닉'을 17년째 운영 중이기도 하다.

그간 자녀의 키 문제로 수만 명의 부모님이 나를 찾아왔다. 조금이라도 더 아이의 키를 키워줄 수 있을까 싶어서 말이다. 이른둥이로 왜소하게 태어난 데다, 눈에 띄게 키가 자라지 않는 아이를 데리고 온 엄마, 입이 짧아 너무 안 먹는 바람에 키가 더디 자라는 아이를 데리고 찾아온 엄마, 소아과에 출근 도장을 찍을 정도로 유난히 잔병치레가 심해 키가 자라지 않는 아이를 데리고 온 엄마도 있었다. 그런가 하면 자다 깨어 울어대는 야제(夜啼) 증상으로 잠이 부족해 키가 크지 않는 아이를 데리고 온 엄마도 있었다.

이렇듯 아이가 제대로 크지 않는 사연들을 구구절절 끌어안고 속상해하며 부모님들은 나를 찾아왔다. 아이의 키를 조금이라도 더 키워줄 방법을 찾아서 말이다.

'도대체 우리는 아이의 키를 얼마나 중요하게 여기는 걸까?'

이런 의문이 떠오르자 깊이 생각하기도 전에 이런 마음부터 든다.
'우리 애는 키가 작으면 안 되지! 무조건 중간 키 이상은 되어야 해!'
내가 왜 이런 마음을 먹게 되었을까, 판단할 겨를도 없는 찰나의 순간에 말이다.

"조금 못생긴 건 괜찮아요. 하지만 왜소하고 키가 작으면 안 되죠! 얼굴 못난 건 성형수술 하면 되지만, 키는 그게 안 되잖아요! 특히나 아들이 키가 작으면 어디에다 쓰겠어요?"

엄마들이 나와 상담하는 동안, 가감 없이 툭툭 내뱉는 말이다.

자칭 지식인으로서 사람의 내면과 인성, 잠재력을 중시한다고 자부하는 나다. 그런 만큼 부모님들과 아이의 키 성장 관련 상담을 하면서 이렇게 말하고 싶었다. '아이의 인성이 더 중요하다', '큰 키를 가졌다 해도 40대 이후로는 큰 의미를 갖지 않는다'라고. 인생에서 '큰 키가 다는 아니다'라고 말이다.

　하지만 나는 지식인이기 전에 열성적으로 아들 둘을 키우는 엄마이기도 하다. 나는 아이의 키를 키워주고 싶어 하는 엄마들의 강렬한 욕구에 0.1초의 틈도 없이 맞장구치게 된다. "그러니까요! 키가 작으면 안 되지요. 더더욱 아들은 키가 좀 있어야지요!"라고.

　'쳇! 지식인이라고? 내면과 인성을 중시한다고? 나도 별수 없구나. 그저 자식들 키 욕심내는 엄마일 뿐인 게지' 이렇게 혼잣말하며 나 자신을 돌아볼 뿐이다. '키는 중요하지 않다'라는 말은, 키가 남부럽지 않게 큰 사람이 키가 작아 남이 부러운 사람에게 건네는 위로의 말일 뿐이다. 가진 자의 여유라고나 할까. 다르게는 못 가진 자의 질투를 불러오는 말이자, 어여쁜 친구가 못생긴 친구에게 착함을 뽐내는 말일 뿐이다.

　그럼, 한창 자라고 있는 아이들은 키에 대해 어떻게 생각할까?
　얼마 전, 고등학교 동창인 친구가 나에게 전화를 걸어왔다. 우리는 34살 무렵 비슷한 시기에 같이 첫째 아이를 출산했다. 임신, 출산 시기가 비슷한 우리는 공감대가 많았다. 게다가 같은 아파트 단지에서 살다 보니, 서로 아이 키우는 고충을 나누면서 위로하고 위로받았다. 아이가 어릴수록 육아는 참으로 고달팠다. 그러니 서로 간에 동지애가 생기고 친해질 수밖에 없는 건 당연지사였다. 그 친구의 아이는 아들이고 내 아이는 딸이라 아이들끼리는 서로 안 친했지만 말이다. 그와는 다르게 엄마들은 서로의 아이들에 대해 너무나 잘 알고 있었다.

초등학교 5학년인 친구의 아들 녀석은 키가 보통 수준이었다. 그럼에도 불구하고 또래 중 키가 꽤 큰 친구들이 키 순위를 들먹이며 그 애를 놀려댄 듯했다. 아이는 잘 다니던 학교에도 가기 싫다며 울면서 속상한 마음을 털어놓은 모양이었다.

"엄마 닮아서 내 키가 작은 거 아니야? 나도 키 크고 싶다고!"

내 친구는 작은 것에 만족할 줄 알고 맛있는 음식 한 가지만 있어도 더없이 행복해하는 낙천주의자였다. 그런데 갑작스러운 아들 녀석의 그 한마디에 낙천적인 내 친구는 불행해졌다. 그녀가 아들의 키 문제를 의논하겠다며 득달같이 나에게 전화한 이유였다. 친구 남편의 키는 183cm이고, 내 친구는 157cm다. 만약 아들이 커서도 키가 작다면 키 작은 자신을 닮아서일 텐데, 어디 키를 키워줄 방법이 없겠냐고, 걱정 가득한 목소리로 내게 도움을 청해온 것이다.

도대체 나를 포함해 대한민국의 많은 부모와 아이들은 왜 이리들 키 때문에 난리를 치는 걸까?

2015년에 있었던 한 연구 결과에 따르면, 한 사람만 지나갈 수 있는 좁은 골목에서 키가 큰 사람과 작은 사람이 만나면 키가 큰 사람이 먼저 지나가는 경우가 많았다고 한다. 서로 부딪힐 가능성이 많은 복잡한 거리에서도 키 작은 사람이 키 큰 사람에게 길을 비켜주는 경우가 많은 것이다. 성별, 나이 상관없이 말이다.

나 자신을 돌아보아도 마찬가지로 행동했던 듯하다. 나보다 큰 사람을 길에서 만나면 왠지 모를 위압감이 느껴져 먼저 길을 비켜주었던 것 같다. 다들 그런 경험이 한 번쯤 있었을 것이다.

가상현실 상황에서 이 문제를 다룬 다른 연구도 있었다. 연구에서는 키가 큰 아바타를 지정받은 사람들이 협상 과제에서 더 자신 있게 행동해 더 나은 성과를 냈다는 결과를 얻어냈다. 신체적인 키와 사회적 지배력에 관한 연구에서도 키가 큰 사람들이 사회적 존경, 임금, 업무성과 등 여러 경력 지표에서 우위의 결과를 보였다고 한다.

또한, 주목할 만한 이런 연구 결과도 있다. 키가 큰 대통령 후보가 키가 작은 상대 후보보다 더 많은 인기를 얻어 당선될 가능성이 크다는 것이다. 참고로, 버락 오바마는 187cm, 트럼프는 191cm, 현재 미국 대통령인 조 바이든은 182cm다. 1900년 이후 미국 대선에서 양당의 두 후보자 중 키가 큰 후보자가 당선된 비율이 2배 더 높았다.

나는 진료상담실에서 영재원에 다니는 총명한 아이들도 많이 만나 보았다. 눈빛부터 대답하는 말투까지 또록또록 참 영특해 보였다. 그럼에도 불구하고 키가 작은 그 영재 아이의 엄마는 "공부는 잘하는데 키가 작아서…. 공부 잘하는 것보다 차라리 키가 큰 게 낫겠다, 싶기도 해요"라고 속마음을 털어놓기도 했다. 그 말에 나도 내심 '영재면서 키도 크면 아무래도 더 좋을 테지'라고 생각했다.

이쯤 되니, 우리의 본능적인 사고패턴을 엿볼 수 있는 듯하다. 키가 큰 사람이 키가 작은 사람보다 우월하고 세상살이에 전반적으로 유리하다고 판단하는 것이다.

인류학적으로도 키가 큰 수컷이 짝을 찾기 위한 경쟁이나 영역방어에 유리했을 수 있다. 원시 사회에서도 큰 몸집은 더 많은 자원을 얻고 유지하는 능력과 직결되었을 것이다. 집단생활과 더불어 사회 조직이 생겨나고 도시 문명으로 발전하면서 신체적 크기의 중요성이 줄어들긴 했다. 그럼에도 불구하고 키 큰 사람이 물리적으로 우위라는 우리의 인식은 여전한 듯하다.

생존과 결부된 우위 말고라도 사람들은 큰 키를 건강, 지적 능력, 이성적 매력 등과 연결해서 생각한다. 더군다나 요즘은 각종 매체를 통해 춤 잘 추는 멋진 몸매의 K-pop 스타를 상시 만날 수 있다. 그리고 SNS로 소통하며 외모를 적나라하게 비교할 수도 있다. 이러한 요즘의 사회 환경이 키 열풍을 더욱 불러일으키고 있는 것 같다. 그 열풍 속에 빠져서 나와 내 아이들, 아이를 키우는 우리 부모 모두가 허우적거리고 있는 건 아닐까.

'왜 우리 아이만 키가 작을까?'라는 의문이 들었다면, 우리 아이의 키가 작다는 의미다. 그렇다면 이제 우리는 길게 고민할 선택지가 없어졌다. 키가 크면 더 성공하고 더 좋은 짝을 찾고 더 높은 평가를 받기 쉽다니, 우물쭈물하고 있을 수만은 없는 노릇 아닌가. 그럼 이제 어떻게 할 것인가? 뭘 알아야 아이의 키를 키워줄 게 아닌가! 이제 왜 키가 크지 않는지 원인을 찾고 해결해 최대한 키를 더 키워주는 방법밖에 없겠다.

부모가 작으면 어찌해야 하는가? 자녀가 작을 수밖에 없다고 포기할 것인가? '키는 작아도 괜찮아! 인성이 중요하지', '나는 외모지상주의자가 아니야!', '나이 들면 다 상관없어져!', '너무 키 가지고 유난 떨지 마!'라는 말들은 아이가 다 자란 후 더는 클 수 없을 때 고려할 선택지로 남겨두자.

지금 우리 아이가 성장기에 해당한다면 키를 키울 수 있을 때 최대한 키워줘야 하지 않겠는가. 그러려면 어떻게 해야 키가 더 많이 자라고, 특별히 어느 시기에 집중해야 하며, 어떤 측면을 놓쳐서는 안 되는지를 알아야 한다. 다시 말해 키를 키워주겠다고 헛수고하지도, 쓸데없는 비용을 들이지도 말아야 한다는 것이다. 대신 제대로, 제때 효율적으로 우리 아이를 키우는 방법을 알아두는 게 우선이리라.

그렇게 해서 우월한 키의 소유자가 되어 좀 더 쉽게 인정받고 이성에게 사랑받으며 풍부한 성취감을 마음껏 누릴 수 있다면, 이보다 더 좋을 수는 없으리라.

진료실에서 나는 이런 말을 하면서 키 성장에 좋은 습관을 들이도록 독려하곤 한다.

"우리 도준이, 180cm 되어서 엄마 어깨 감싸줘야지!"
"우리 예슬이, 167cm 되어서 아빠 팔짱 끼고 다녀야지!"

이런 말만으로도 엄마, 아빠의 입꼬리는 자동으로 올라간다. 아이들은 좋아라, 하며 고개를 숙이고 피식 웃음 짓는다.

# 부모의 키가 작으면
# 아이도 키가 작을까?

　나의 엄마 키는 148cm이고, 아빠 키는 159cm다. 그 시절 다들 작았던 것을 감안하더라도 참 고만고만한 키의 두 남녀가 만나 부부가 된 것이었다. 유전 키의 계산법에서 딸은 부모 양쪽 키를 합한 값의 절반에서 6.5cm를 빼면 되고, 아들은 동일 값에 6.5cm를 더하면 된다. 그렇게 계산하면 내 유전 키는 147cm다. 내 오빠의 유전 키는 160cm다.

---

(아빠 키+엄마 키)/2+6.5=아들의 예상 키
(아빠 키+엄마 키)/2-6.5=딸의 예상 키

---

　그러면 실제 성인이 된 나와 내 오빠의 키가 이 유전 키와 같을까?
나는 1979년생 45세이고 키는 160cm다. 나의 오빠는 1977년생

47세이고 키는 176cm다. 앞서 계산한 유전 키보다 나는 13cm가 더 크고, 내 오빠는 16cm가 더 크다. 유전 키를 성공적으로 극복한 케이스 아닌가?

우리 집은 어릴 때 가난했다. 부모님은 동네에서 작은 중국집을 운영하셨다. 힘듦에도 다른 직원은 두지 않고 두 분이서 성실히 가게를 운영하셨다. 그 덕에 어릴 때 나는 자장면, 짬뽕, 볶음밥을 점심으로 자주 먹었다. 친구들은 그런 나를 참으로 부러워했었다. 저녁밥으론 늘 나물류와 생선, 국이 포함된 한식을 먹었다. 과일을 즐기셨던 엄마 탓에 집엔 늘 과일이 떨어지지 않았었다.

내 나이가 되어보니 알 것 같다. 넉넉한 살림이 아님에도 먹거리는 최대한 잘 챙겨주려고 노력하셨던 부모님의 마음을. 그렇게 챙겨주시는 끼니들을 나와 내 오빠는 편식하지 않고 잘 먹었다. 놀 때는 주로 동네 친구들과 공터와 골목을 뛰어다니며 놀았다. 내가 어릴 때는 주변에 공터가 참 많았다. 공터처럼 넓은 공간은 아이들이 장난치며 뛰어노는 데 제격이었다. 골목에서는 피구나 고무줄뛰기 같은, 신체활동이 많은 놀이를 주로 했다. 아마 내 나이 또래의 어른이라면 이렇게 놀았던 기억이 많을 것이다.

부모님이 왜소함에도, 자라면서 잘 먹고 잘 놀아서인지 나와 내 오빠는 키가 작지 않았다. 키가 작은 아들을 둔 부잣집 삼촌이 있었다. 나는 그분이 평소 가난한 내 아빠를 다소 무시하는 듯 느껴졌었다. 그런데 그분이 훌쩍 자란 내 오빠를 보곤, 뭘 먹여서 아들을 저리 크게 키웠냐며 아빠를 부러워하기도 했었다.

내 가족의 사례만 보더라도 키의 유전적 범위가 절대적인 것은 아닌 것 같다. 1965년의 남자 평균 키가 163cm였다는 걸 감안하면, 국가의 경제력이 좋아지면서 나와 오빠처럼 키 수준이 동반 상승한 것으로 볼 수 있겠다.

키의 유전적 요인은 연구 결과에 따라 다양하게 나타난다. 일반적으로 유전적 요소가 키 결정에 미치는 영향은 약 60~80%로 추정된다. 일란성 쌍둥이의 경우, 유전 정보가 상당 부분 비슷함에도 10cm 가까이 키 차이가 나기도 한다.

실제 3년 전 만난 쌍둥이 자매의 사례도 그랬다. 3분 먼저 나온 언니는 잘 먹고 잘 자고 성격도 밝았지만, 뒤이어 나온 동생은 잘 안자는 데다 먹는 것도 부실하고 짜증이 많았다. 결국, 태어날 때는 비슷했던 쌍둥이의 키가 초등학생이 될 무렵에는 2~3년 터울이 나 보일 정도가 되었다.

키는 다양한 유전자의 조합에 의해 결정된다. 여러 유전자가 키 결정에 영향을 미친다. 이들 유전자의 조합이 개인의 최종 키를 결정하게 된다. 여기에 후천적 요소인 영양, 건강, 생활 습관, 적절한 운동 등이 키 결정의 변수들로 작용한다. 이 대목에서 한 번 더 묻고 싶어진다.

"그래도 둘은 명색이 쌍둥이 아닌가. 그런데 왜 이렇게까지 키가 차이 날까?"

유전자 조합이 거의 같더라도, 환경적 요인이 유전자의 발현에까지 영향을 미치기 때문이다. 후천적 환경 요인이 키 성장의 20% 이상을 차지할 뿐만 아니라 유전적 요인의 발현에까지 영향을 미치는 셈이다. 그래서 일란성 쌍둥이임에도 키 차이가 많이 날 수 있는 것이다.

우리가 우리의 아이들을 거인으로 키울 생각은 아닐 터. 다만 적다 할 수 없는 환경적 요인 20%에 더해 키 성장에 이로운 유전 요인을 잘 발현시켜준다면, 유전 키보다 10cm 이상도 충분히 더 키워줄 수 있다. 나와 내 가족의 사례를 봐도 그러하고, 내가 축적한 3만 건 이상의 진료 사례를 봐도 그러하다.

이제 생각해보자. 부모의 키가 작다고 아이 키도 작을 것이라 여겨 자포자기하거나 의기소침해해야 할까? 부모의 키가 크니 아이 키도 당연히 클 것이라 여겨 손을 놓아도 될까?

그럼 이번엔 유전 키는 큰데, 오히려 그보다 키가 작은 아이의 사례를 살펴보겠다.

지윤이가 초등학교 2학년일 때 나는 그 아이를 처음 만났다. 당시 지윤이는 이미 또래보다 7cm 정도 더 컸었다. 체격 좋은 아빠는 177cm이고, 엄마는 166cm로 부모님 모두 키가 큰 편이었다. 지윤이의 유전 키를 계산해보면 165cm였다. 식욕이 왕성해 먹는 양도 많았다. 누가 봐도 키가 안 클 이유가 없는 아이였다. 채소 반찬을 싫어해 편식한다는 것 외에는.

그런 지윤이의 최종 예상키는 153cm였다. 2년 동안의 성장 관리 끝에 159cm까지 키울 수 있었다. 지윤이의 최종 예상키가 작았던 이유는 비만으로 인한 성조숙증 때문이었다. 그로 인해 성장 속도가 빨라져 키 클 시간이 부족했다.

또 다른 예로 야구선수인 진우 사례를 들면, 진우의 아빠 키는 176cm이고, 엄마 키는 163cm였다. 계산된 유전 키는 176cm였다. 운동선수이므로 당연히 큰 체격이 절실한 상황이었다. 진우는 180cm 이상 자라고 싶어 했지만, 각종 검사 결과, 최종 예상 키가 164cm밖에 되지 않았다.

만약 내가 성장클리닉을 오래 운영해온 전문가가 아니었고 직접 검사 결과를 판독하지 않았다면, 이런 결과를 어떻게 받아들였을까? 그저 옆집 아줌마나 집안 고모쯤 되었다면, "말도 안 된다! 아빠 키가 있는데…. 엄마도 크고, 너무 검사 결과에 연연하지 마라"라고 쓴소리했을 듯도 하다. 하지만 나는 이런 경우를 꽤 자주 본다.

진우의 최종 키가 작은 이유는 명확했다. 진우의 키 성장이 2년 정도 빨리 이루어지고 있었기 때문이었다. 평소에 밀가루 음식, 고기, 음료수 등은 너무 많이 먹는 데 반해 채소의 섭취가 아주 적은 식습관이 문제였다.

반대로, 유전 키는 작은데 그보다 키가 큰 아이 사례도 많다.

지후의 사례를 들어보겠다. 지후의 아빠 키는 167cm이고, 엄마 키는 157cm였다. 유전 키를 계산하면 168cm가 나온다. 이후 지후의 키는 얼마까지 자랐을까? 지후는 고등학생이 되었을 때, 키가 180cm가 넘었다. 유전 키보다 10cm 이상 더 자란 것이다.

또 다른 경우로, 형제의 사례도 있다. '형제이니 당연히 키가 비슷하리라' 생각할 수도 있겠다. 성훈이, 경훈이의 아빠 키는 175cm, 엄마 키는 159cm였다. 그럼 이들의 유전 키는 174cm다. 그런데 20대가 된 이 형제의 키는 같지 않았다. 형은 168cm, 동생은 176cm였다. 유전 키가 같음에도 형제의 키가 8cm 정도 차이가 난 것이다. 이렇게 차이가 나게 된 이유는, 부모님이 이들의 키 성장에 관심을 기울이며 노력한 시기가 달랐기 때문이었다.

형은 중학교 3학년 때 처음 키 관련 검사를 한 후, 뒤늦게 키 성장을 위해 노력했다. 그에 비해 동생은 좀 더 이른 초등학교 6학년 때부터 키 성장을 위해 노력했다. 형처럼 예상보다 키가 작을까 봐, 부모님이 미리 동생의 생활 전반과 건강 관리, 치료에 전념했던 때문이다.

어떠한가? '내가 키가 크니, 우리 아들은 180cm가 되는 게 당연하지!'라고 팔짱 끼고 있던 아빠라면 다소 멈칫할 결과 아닌가? '내가 방심했네' 하며, 당장 아들 손목을 잡고 병원 검사라도 받으러 가고 싶을 만큼 불안하진 않은가? 반면 아이의 키를 포기하려던 키 작은 엄마라면, 아이의 키를 키워주리라는 의욕과 도전정신이 새롭게 솟구치지는 않는가? 과연 우리는 유전 키를 두고 어디까지 기대하고 어디까지 포기해야 할까?

부모의 키가 아이에게 어떤 비율로 얼마만큼 영향을 주는지, 다양한 연구와 자료들이 있다. 전체적인 맥락은 '유전적 영향의 발현이 무조건적이지는 않다, 환경적인 상호 영향도 있다'라는 것으로 귀결된다.

어떤 아이는 눈은 아빠 닮고 코는 엄마 닮았는데, 뜬금없이 쌍가마는 외할아버지를 닮기도 한다. 또, 어떤 아이는 외모와 키 모두 부모를 안 닮고, 땅딸막한 고모를 닮아 부모의 가슴을 무너져 내리게도 한다. 부모 마음대로만 된다면, 우리 아이의 키는 키 큰 할아버지

닮고, 얼굴은 잘생긴 고종 삼촌 닮고, 성격은 해피 바이러스를 퍼뜨리는 엄마의 유전자를 가져오고, 머리는 그나마 공부 잘했다는 아빠를 닮았으면 하리라. 하지만 그 모든 게 부모 뜻대로 되지 않는다는 것을 우리는 잘 알고 있다.

그러니 이제 우리가 어쩔 수 없는 변수인 유전범위 60~80%는 잊고, 변동 가능한 20~40%를 붙들고 노력하도록 하자. 20~40%의 변동 폭을 최대로 끌어올려 10cm를 더 키우는 것이다.

키는 유전이라 믿으며 "부모 키가 작으니 너도 작을 거야!"라는 암시를 자녀에게 주어서는 안 된다. 더 자랄 수 있는 아이의 키를 더 자라지 못하도록 내리누르는 꼴밖에 안 되기 때문이다.

한편, "아빠인 내 키가 183cm이므로 내 아들인 너 또한 당연히 185cm는 될 거야!", "지금은 작아도 된단다. 아빠가 군대에 가서도 컸으니 너도 늦게라도 클 거야", 이렇게 유전 키만을 믿고 "아무거나 많이만 먹어!" 하면서 과자, 치킨 같은 것을 밤늦게 먹여도 안 될 것이다. 이 또한 성장 시기가 다 지나도록 손 놓고만 있는 격이기 때문이다.

부모의 키가 작으면 아이도 키가 작을까?

프랑스의 사회학자 니콜라 에르팽(Nicolas Herpin)은 《키는 권력이다》에서 '키 큰 종자는 따로 있는 것이 아니다'라고 강조한다. 현재 어느 정도 인정되는, 키에 관한 유전적 요인의 범위는 60~80% 내외로 본다. 환경적 요인인 건강, 영양, 운동, 생활 습관, 의료적 접근 등의 나머지 20~40%가 키 크기의 변수로 작용한다. 이로써 부모가 작다고 자녀가 다 작은 것도, 부모가 크다고 자녀가 다 큰 것도 아닌 것을 알 수 있다.

이제 키 작은 부모는 '콩 심은 데 콩 나고 팥 심은 데 팥 난다'라는 속담은 잊어라. 대신 '지성이면 감천', '하늘은 스스로 돕는 자를 돕는다'라는 격언을 마음에 새겨넣자. 키가 큰 부모라면 '홍시 먹다 이 빠진다', '돌다리도 두드려보고 건너라' 등의 속담을 떠올려야 할 것이다. 우리는 20%의 변수를 아주 잘 살려서 아이의 키 성장에 소중한 13~15년을 놓치지 않아야 한다.

이제 아이의 키 성장을 위해서 어떤 부분을 놓치지 말아야 하고, 무엇을 더 해줘야 할지 알아보도록 하자.

180
170
160
150
140
130
120
100

03

# 우유, 고기
# 많이 먹으면 큰다고?

"선생님! 손바닥만 한 소고기를 매끼 챙겨 먹이고 우유도 하루 2~3잔씩 억지로 먹이는데 왜 키가 안 클까요?"라고 묻는 부모님이 많다. 그러면 나는 이렇게 대답한다.

"고기만 잘 먹인다고 키가 큰다면 식육점 주인의 아들, 딸이 제일 크지 않겠습니까?"

일상에서 많은 부모님들이 고기, 우유를 맹신하며 키 성장을 위해 우선순위로 챙겨 먹이려고 애쓴다. 매끼 고기반찬을 넉넉히 챙겨 먹이고 간식으로 우유를 열심히 마시게 하면 키 성장에 무조건 도움이 될 것이라고 생각하게 된 이유가 뭘까?

많은 성장 관련 유튜버들과 의사들, 우유 광고에서 너 나 할 것 없이 우유, 고기를 강조하기 때문이리라. 나는 어떤 매체에서 고기는 굽고 찌고 삶아 무조건 많이 먹이고, 우유 없이는 성장을 논하지 말라고 어떤 의사가 이야기하는 것을 본 적도 있다. 고기, 우유는 대표적인 단백질 공급원이다. 성장호르몬이 단백질이고 우리 몸을 구성하는 근육이 단백질이므로 단백질을 많이 먹으면 클 것 같은 느낌이 들기도 한다. 더군다나 왜소한 동양인들에게는 육식을 많이 하는 서양인들의 큰 체격은 동경의 대상이 되었고, 마치 그들처럼 먹으면 클 것이라는 맹신이 생길 법하지 않은가.

그러나 아이를 키우는 우리 부모는 늘 잊어선 안 된다. 과유불급(過猶不及)! 균형이 답임을.

### 한국인의 1일 단백질 섭취기준

| 성별 | 연령 | 단백질(g/일) | | | |
|---|---|---|---|---|---|
| | | 평균필요량 | 권장섭취량 | 충분섭취량 | 상한섭취량 |
| 영아 | 0~5(개월) | | | 10 | |
| | 6~11 | 10 | 15 | | |
| 유아 | 1~2(세) | 12 | 15 | | |
| | 3~5 | 15 | 20 | | |
| 남자 | 6~8(세) | 25 | 30 | | |
| | 9~11 | 35 | 40 | | |
| | 12~14 | 45 | 55 | | |
| | 15~18 | 50 | 65 | | |
| | 19~29 | 50 | 65 | | |
| | 30~49 | 50 | 60 | | |
| | 50~64 | 50 | 60 | | |
| | 65~74 | 45 | 55 | | |
| | 75 이상 | 45 | 55 | | |

| 성별 | 연령 | 단백질(g/일) | | | |
|---|---|---|---|---|---|
| | | 평균필요량 | 권장섭취량 | 충분섭취량 | 상한섭취량 |
| 여자 | 6-8(세) | 20 | 25 | | |
| | 9-11 | 30 | 40 | | |
| | 12-14 | 40 | 50 | | |
| | 15-18 | 40 | 50 | | |
| | 19-29 | 45 | 55 | | |
| | 30-49 | 40 | 50 | | |
| | 50-64 | 40 | 50 | | |
| | 65-74 | 40 | 45 | | |
| | 75 이상 | 40 | 45 | | |
| 임산부 | 2분기 | +12 | +15 | | |
| | 3분기 | +25 | +30 | | |
| 수유부 | | +20 | +25 | | |

출처 : TWD(Total Wellbeing Diet)

　단백질 하루 권장량은 아이의 체중 1kg당 대략 1~1.5g 정도로 가
늠하면 된다. 달걀 1개의 단백질 함량이 6~7g이다. 달걀로만 단백

질을 보충한다고 가정하면, 30kg인 초등학교 3학년 학생에게 달걀 5개를 먹이면 하루 단백질 권장량을 다 채운 것으로 생각하면 된다. 내 아이의 체중을 고려하면 하루 단백질 권장량이 어느 정도인지 예상이 될 것이다.

육류량으로 생각해보면, 9~18세 사이 남녀 어린이의 단백질 권장량은 50~65g으로 볼 수 있다. 하루 2주먹 크기 정도의 육류를 섭취하면 되는 것이다. 그런데 쌀밥에도 단백질이 포함되어 있다. 쌀밥 1공기당 대략 5g 정도다. 쌀밥만으로 하루 단백질 섭취량의 1/3 정도는 해결된다. 우유, 달걀도 추가로 먹게 되므로 육류섭취량은 1~2주먹 정도의 양이면 하루 단백질 권장량을 어느 정도 채울 수 있다. 만약 맨밥이 아닌 콩밥을 먹은 날이라면 1~2주먹에서 더 적게 먹어도 될 것이고, 생선까지 먹었다면 1주먹 이내로 육류 섭취를 해도 충분한 것이다. 생각보다 많은 양이 아님을 확인할 수 있다.

그런데 육류 섭취가 성장기 아이들에게 필요한 이유는 단백질 공급을 위해서만은 아니다. 붉은 육류는 특정 필수아미노산, 비타민 B12, 철분, 크레아틴, 지용성 비타민 등의 보충에 이롭기 때문에 성장기에 필요하다. 단, 소시지, 햄 등의 육가공품은 제외하고 싶다. 국제 암연구소의 발암물질 분류 1군에 햄, 소시지, 베이컨이 포함되어 있기 때문이다.

물론 명절선물로 햄 세트 종류를 받으면 나 또한 육가공품을 먹는다. 아이들에게도 햄, 소시지를 어느 정도 먹이긴 한다. 하지만 단지 맛으로 소량만 먹이는 정도에 그칠 뿐이다. 성장기에 고기반찬 없는 한 끼 식단이 마음에 걸려서 일부러 햄이나 소시지를 올릴 필요는 없다는 점을 강조한다. 그리고 고기를 먹이고 싶다면 가능하면 수육을 추천한다. 육류를 불에 태우면 몸에 해로운 물질이 많이 생긴다. 대표적으로 발암물질인 벤조피렌이 여기에 속한다.

무항생제 무호르몬 육류면 더욱 좋고, 앞서 설명한 대로 육류의 양은 2주먹 정도 전후로 먹이면 된다. 녹황색 채소, 잡곡, 우유, 달걀, 생선 등을 잘 챙겨 먹였다면 매끼 강박적으로 고기를 올릴 필요는 없겠다. 그리고 아이에게 고기를 먹일 때는 한 번에 몰아서 먹이는것보다 조금씩 나누어 먹이는 게 좋다. 아이들의 소화효소 분비량에 맞추어 한 번에 과량이 아닌, 제대로 흡수되도록 적당히 끼니마다 조금씩 나누어 먹이기를 권한다.

그럼 성장기에 우유는 어떠할까? 우유는 아이들에게 무조건 많이 먹이면 좋을까?

눈을 감고 '우유' 하면 생각나는 이미지를 떠올려보자. 뽀얀 피부의 어린이가 우유 한 잔을 마시고 입술 위에 흰 수염 같은 하얀 우유 자국을 남긴 채로 환하게 웃는 얼굴이 떠오를 것이다.

농구로 한참 땀을 흘린 후, 우유 한 잔을 벌컥 들이켜며 흡족한 표정을 짓는 남학생도 떠오를 것이다. 모두 광고에서 본 이미지다. '우유를 마시면 키가 큰다' '성장기 어린이에게 우유가 꼭 필요하다' 광고에서 그런 느낌이 들지 않는가?

우유가 영양적으로 성장에 필요한 단백질과 칼슘, 비타민 등을 고루 갖춘 식품인 것은 맞다. 하지만 성장에 절대적으로 중요하며, '우유를 마시면 무조건 키가 큰다'라는 식의 상업적으로 조장된 이미지엔 반대한다. 만약 우리가 아이에게 소에서 갓 짠 우유를 그 자리에서 바로 먹일 수 있다면 어떨까? 아마 효소가 살아 있어 최고의 성장 식품이 되리라.

하지만 우유는 가공식품이다. 동물성 단백질의 좋은 보충원이지만 대표적인 산성식품이다. 우유를 너무 많이 섭취하면 오히려 몸속의 철분이나 무기질을 배출시키기도 한다는 실험 결과도 있다. 생산 과정에서도 항생제, 성장 촉진제, 방부제에 노출된다.

고온 살균 우유는 130도 이상의 온도에서 2~5초 정도의 짧은 시간 동안 고온을 유지해서 살균한다. 그 과정에서 우유 속 유산균도 죽고 단백질도 변성된다. 비타민 우유와 고칼슘 우유 등의 영양강화 우유는 첨가제가 들어간다. 우유에 다른 성분을 넣으면 섞이지 않고 분리될 뿐만 아니라 맛이나 성분이 변할 수 있기 때문이다.

특히, 저지방 우유의 경우, 비만인 아이들에게 많이 챙겨 먹인다.

그러나 우유 속의 지방을 제거하는 과정에서 단계별로 화학 용매제가 들어간다는 사실을 안다면, 굳이 저지방 우유를 먹이고 싶지는 않으리라.

우유를 사면 성분 표시를 확인해보자. 각종 생소한 첨가물 표시를 볼 수 있을 것이다. 그리고 우유는 뼈를 성장시키는 조골세포의 증식을 돕는 IGF-1이라는 물질을 함유하고 있다. 그래서 혈장 내 IGF-1의 농도를 간접적으로 높이기도 한다. 이 농도가 과도하면 오히려 조골세포의 증식에 스트레스로 작용하게 된다.

《우유의 역습》에 '운동으로 비유하자면 어릴 때부터 유제품을 과도하게 섭취하는 것은 마라톤에 참가해서 전력 질주로 출발하는 것과 조금은 비슷하다고 할 수 있다. 처음 1㎞까지는 당연히 선두로 달리겠지만, 아마 결승점에서는 최하위로 도착할 것이다'라는 내용이 있다. 초기에는 이 IGF-1이 성장에 도움을 주는 듯 보이나 장기적으로는 반대의 결과를 초래할 수 있다는 내용이다.

우유에 대해 정리해보자. 영양적으로는 좋은 성분이 많으나 가공과정에 문제가 생길 수 있다. 그리고 과도하면 뼈 성장에 스트레스로 작용할 수 있다. 그럼 우리는 어떻게 해야 할까? 질이 좋은 우유를 찾아 아이에게 적당히 먹이면 된다. 유당불내증으로 소화가 안된다면 너무 억지로 권하지 않길 바란다. 치즈, 요거트는 유당이 분해되어 있어 소화 흡수가 용이하니 대체해서 적당히 먹이는 것도 괜찮을 것이다. 첨가물 없는 두유로 일부 대체해 먹이는 것도 괜찮을 것이다.

그렇다면 질 좋은 우유는 어떤 우유일까? 저온살균 유기농 우유를 권한다. 목초를 먹인 소에서 나온 우유라면 더 좋겠다. 고온 살균하게 되면 효소, 유산균, 비타민, 무기질이 파괴되고 단백질 변성의 우려가 있기 때문이다.

나는 수년간 성장클리닉을 운영하면서 우유, 고기에 관한 다양한 경험을 들을 수 있었다. 어떤 아이는 물 대신 우유 마시기를 즐겼음에도 키는 안 크고 살만 쪘다고 속상해하기도 했고, 어떤 아이는 급성장기에 우유를 많이 먹고 키가 컸다고 좋아하기도 했다.

어떤 아이는 캐나다에서 지내는 3년 동안 고기 위주 식단으로만 먹고 왔음에도 키는 너무 안 자라고 뼈나이만 진행되어서 온 경우도 보았고, 또 다른 아이는 채소는 거의 안 먹다시피하고 고기만 먹는다는데 키가 180cm인 경우도 보았다.

이런 사례들을 접하면 헷갈릴 것이다. 고기, 우유를 먹이란 말인가? 안 먹여도 된단 말인가?

대부분의 부모님들이 단편적인 몇 가지 사례만 보고 섣부른 판단을 한다. 주변에 우유를 많이 마시고 키가 큰 아이를 보면 "역시 우유가 답이다!"라고 할 것이고, 고기만 먹는데도 키가 큰 아이를 보면 "역시 고기가 답이다!"라고 할 것이다.

하지만 실제로 우유와 고기를 많이 먹었음에도 키가 작은 아이들이 많다. 단지 그 아이들의 부모님들이 우유와 고기를 많이 먹여도 키가 안 크더라고 소문내지 않을 뿐이다.

우리의 심리는 믿는 대로 보고 싶어 한다. 우유, 고기가 키에 무조건 좋다는 집단적으로 학습된 관념이 있다 보니 그것과 동일한 결과치를 보면 말하고 싶다. 반면, 반대의 결과에 대해서는 믿고 싶지도 않고 말하고 싶지도 않을 뿐이다.

"우유, 고기 많이 먹으면 무조건 클까?"

그렇지 않다. 결론은 적당함이 답이다. 고기를 어떻게 얼마나 먹일지는 아이의 소화력, 체중, 대사활동 등에 따라 조절해야 한다. 1~2주먹의 양을 한꺼번에 과하지 않게 2~3회에 나누어 먹이길 권한다. 지글지글 구운 고기보다 수육처럼 삶아서 먹이는 것이 소화흡수가 잘 된다. 단백질은 계란, 우유, 콩, 두유로도 공급되고 쌀밥에도 있으며 견과류, 보리, 귀리, 고구마, 양배추, 감자 등에도 많이 들어있으므로 고기에만 100% 의존하지 않아도 된다. 우유는 저온살균 유기농 우유로 골라 아이가 원하는 양을 과하지 않게 먹이면 된다.

아이들은 잘 클 때 이전보다 더 먹는다. 먹어서 무조건 큰다기보다 크려고 먹는다는 것이 맞겠다. 배꼴 작은 아이는 작은 대로 좀 더 먹고, 배꼴 큰 아이는 큰 대로 거기서 조금 더 먹는다. 어느 정도 아이의 욕구에 맞추면서 양을 조절하면 된다. 무조건 많이가 아님을 기억하자.

180

170

160

150

140

130

120

100

## 04

# 아들과 딸은 키 성장이
# 다르게 이루어진다

"아이고, 애 셋을 어찌 키우세요? 난 하나도 힘들어 죽겠는데, 대단하세요!"

나는 아이가 셋이다. 첫째 아이는 딸이고, 둘째와 셋째 아이는 아들이다. 나는 한방 성장클리닉을 찾아오는 부모님들과 이야기를 나누는 중에 이런 감탄의 말을 자주 듣는다. 갈수록 외동아이를 둔 부모님이 많다 보니 더 그런 듯하다.

인구조사표를 보더라도 2000년대생 이후로는 출산율 감소로 외동 비율이 늘어났고 출산율이 0점대로 감소한 2010년대 후반 이후로는 더욱 가속화되어 2018년 이후 18세 이하 1인 자녀 가구의 비율은 39.4%로 거의 절반에 가까워졌다.

이는 첫째, 둘째를 키워본 적이 없는 초보 엄마, 아빠가 절반에 가깝다는 의미다. 예전처럼 조부모님의 손길을 빌리는 것도 쉽지 않다. 그래서 초보 엄마, 아빠는 외동아이를 키우면서 뭐든 처음으로 배우고 시도한다. 각종 맘카페와 유튜브 영상의 정보들에 의지하며 고군분투하는 것이다. 맘카페가 왜 그리 활성화되었는지 알 만한 대목이다.

형과 언니를 키운 경험이 있는 부모님은 동생의 성장 과정을 예측할 수 있다. 그래서 이상징후도 알아채기가 쉽다. 예를 들어, '언니는 이맘때에 여드름이 없었는데, 동생은 언니보다 키도 작고 여드름이 벌써 나네', '왜 벌써 정수리 냄새가 나지?' 등의 변화를 빨리 알 수 있다. 그러나 외동아이를 둔 부모님은 아이의 신체 변화를 알아채기가 쉽지 않다.

더군다나 맞벌이 부모님의 경우엔 두 분 다 바쁘다 보니 내 아이가 잘 크고 있는지도 확인하지 못하고 넘어가기 십상이다. 그래서 미리 알아둘 필요가 있다.

질병관리청에 들어가면 성장 발달 계산기가 있다. 이것으로 우리 아이의 키와 체중의 백분위 수를 일차적으로 확인할 수 있다. 이제 우리 아들딸들의 대략적인 성장 레이스를 따라가 보도록 하자.

# 성장 발달 계산기

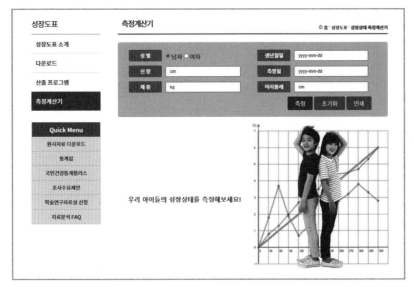

　출생 시 아기는 성별의 구별 없이 50cm의 키와 3kg 이상의 체중을 가진다. 이후 25cm가 더 자라 돌 무렵엔 74~75cm의 키에 이른다. 이후 만 3세까지 2년간 20cm를 자란다. 이렇게 많이 자라는 시기는 두 번 다시 없다. 아이가 태어난 후 만 3세까지를 1차 급성장기라 하며, 가장 성장 효율이 높은 중요한 시기다.

　이 시기에 제대로 못 먹거나 각종 질환 등으로 잠을 설치게 되면 키 성장 레이스에서 크게 뒤처질 수 있다. 그렇기에 아이의 잔병치레와 체질관리를 잘해주어야 한다.

만 3세 이후에는 아들과 딸들이 동일하게 매년 5~6cm 정도 자란다. 그래서 만 10세 무렵에 140cm까지 키가 자란다. 만 10세까지 비슷하게 자라던 아들과 딸들은 이제 성장이 다르게 이루어지는 지점에 도달한다. 딸들은 아들에 비해 2년 빨리 사춘기에 들어간다. 사춘기는 급성장기다.

"우리 아이는 도대체 언제 폭풍 성장기가 오나요?"

사람들이 많이 궁금해하는 질문 중 하나다. 바로 이때다. 사춘기에 들어가면 폭풍 성장기가 시작된 것이다. 딸들은 초등학교 4학년인 만 10세 무렵이면 마지막 키 성장 레이스 시기인 2차 급성장기에 다다른 것이다. 초등학교 4학년부터 초등학교 6학년까지 2년간 13~14cm를 자란다. 이후 초경을 하게 되면 5~6cm를 추가로 더 자라고 키 성장은 끝난다.

부모님들은 '폭풍 성장기'라면 키가 엄청 많이 클 것이라 기대하는 경우가 많다. 그러나 우리 딸들은 대체로 연간 10cm 이상은 자라지 않는다. 그래서 딸들이 만 10세에 정수리 냄새가 나고 가슴 몽우리가 살짝 보이면, 키가 140cm 이상 자라 있어야 한다. 2년 후 초경을 할 무렵엔 155cm 정도의 키는 되어야 최종 키가 160cm 이상이 될 수 있다.

반면, 만 10세 무렵의 아들들은 사춘기 근처에도 이르지 못한다. 그렇다 보니 초등학교 5학년 정도 되면 딸들이 훨씬 조숙하고, 키 또한 아들들보다 앞서 있고, 정서적으로도 어른스럽다.

이후 초등학교 6학년인 만 12세 무렵에 이르면, 아들들이 마지막 키 성장 레이스 시기인 2차 급성장기에 이른다. 마찬가지로 2차 급성장기는 폭풍 성장기다. 딸들이 키 성장 레이스에서 브레이크를 밟아갈 때, 아들들은 뒤늦게 액셀러레이터를 밟기 시작한다. 결국 초등학교 6학년 후반부터는 아들들이 키 성장 레이스에서 월등히 앞서면서 3년간 20cm 정도 자라게 된다.

그래서 아들들이 만 12세에 정수리 냄새가 살짝 나고 고환이 조금 커지면, 키가 150cm 이상 자라 있어야 한다. 이후 3년 이내에 20cm 이상 자라야 한다. 이 기간 이후에는 키 성장이 완만해지면서 3~4cm가 더 자라면 최종 키가 175cm 이상이 될 수 있다.

막연히 생각했던 과정보다 급성장기가 짧고, 예상보다 적게 자라는 느낌이 들지 않은가?

만약 우리 아이가 이러한 키 성장의 표준 레이스를 웃돌거나 밑돈다면 최종 키가 표준보다 크거나 작을 것이다. 사춘기 초반에는 사춘기 징후가 확연하지 않다. 특히, 아들들은 고환이 조금 커지거나 색이 다소 검어지는 듯한 정도로 나타나므로 놓치기 쉽다. 반면, 딸들은 가슴 몽우리 변화가 있어서 알아차리기가 좀 더 쉽다. 단, 통통한 딸들은 가슴 몽우리 없이 유륜만 커지는 경우가 많다. 그래서 사춘기에 들어갔음에도 알아채지 못하는 경우가 있으니 주의해서 살펴야 할 것이다.

키 성장과 더불어 정서적으로도 딸들과 아들들은 다르게 성장한다. 내 아이들 경우만 보아도 딸과 아들의 정서는 꽤 달랐다. 어릴 때 우리 딸이 그린 그림을 보면 대체로 집이나 꽃, 사람 얼굴이 많았다. 그리고 나와 놀 때도 나의 감정을 어느 정도 살피면서 행동했다.

반면, 아들은 그림을 그리면 주로 대상을 그렸다. 내 첫째 아들은 3~4세 무렵엔 물고기만 계속 그려댔다. 망치상어, 고래상어, 만타가오리, 범고래, 개복치 등등. 나는 40세가 넘은 나이에 많은 물고기의 인상착의와 좋아하는 먹이까지 아들 덕에 두루 배울 수 있었다. 그 아이는 요즘 총에 빠져서 총의 역사, 작동 방식, 부분 명칭, 안중근 의사가 이토 히로부미를 저격할 때 사용한 총의 기종과 총알의 종류 등을 나에게 알려주고 있다. 내가 피곤해 지쳐 있어도 눈치를 못 채고 총 이야기를 계속해준다. 덕분에 나는 상식이 풍부한 중년 아줌마로 거듭나고 있다.

이렇듯 딸들은 대체로 관계 중심적이고 아들들은 대상, 욕구 중심적이다. 딸들은 눈치도 빠르고 부모의 감정을 잘 읽어낸다. 그래서 주양육자인 엄마의 감정을 폭발시키는 경향이 4~5세를 지나면서 줄어든다. 반면, 아들들은 자기가 원하는 대상과 놀이에 관심이 많다 보니 엄마의 기분을 빠르게 읽어내지 못한다. 그래서 성장 과정에서 본의 아니게 엄마를 힘들게 하기도 한다.

사춘기에 들어서면 그 정도가 심해진다. 아들들은 만 12세가 넘어가면 남성호르몬인 안드로겐(androgen)이 상승하면서 충동성이 높아진다. 그에 반해 이를 조율할 대뇌의 전두엽은 아직 미성숙하다. 그 결과, 감정 기복이 심해지고 때때로 자신의 감정을 과격하게 드러내기도 한다.

딸들은 만 10세가 넘어가면 여성호르몬인 에스트로겐(estrogen)의 분비가 상승하고 지방이 늘어나면서 신체의 볼륨이 둥그렇게 나타난다. 정서적으로도 자기만의 공간을 확보하면서 혼자 있는 시간을 좋아하게 된다. 또한, 무엇보다 친구관계를 중요시하며, 그 무리 속에서 자기존중감을 획득한다. 그래서 친한 무리에서 관계갈등이 생기면 심한 스트레스를 받기도 한다.

부모님들은 부모님대로 딸들의 빠른 사춘기 증상에 당황하기도 한다. 엊그제 해맑게 장난치며 부모를 귀찮게 하던 딸아이가 어느 순간 행동이 돌변하니 당황스러울 수밖에 없으리라.

정리하면, 아들과 딸의 키 성장 레이스는 어릴 때는 비슷하게 진행하다가 만 10세 이후로 달라진다. 만 10세 전까지는 남녀 구별 없이 성장 추이가 비슷하다. 그러다 만 10세부터 아들과 딸의 성장은 달라진다. 딸들은 만 10세 무렵에 사춘기에 들어가면서 2년간의 급성장기를 맞이한다. 아들들은 딸들보다 2년 늦은 만 12세 무렵에 사춘기로 접어들면서 급성장기를 맞이한다. 정서적인 부분 또한 다소 다르다. 딸들은 관계 중심적이고, 아들들은 욕구 중심적인 면모가 두드러지는 차이를 보이며 성장한다.

부모님은 성별에 따라 성장 과정이 다르다는 것을 깨닫고 키가 뒤처지지 않도록 시기별로 도와줄 부분들을 잘 챙겨보아야 할 것이다.

# 05

# 사춘기는 키 성장의 골든타임, 놓치지 마라

"세월 금방 간다.

잡으려 해도 잡히지 않는 게

세월 아니던가.

(중략)

늘 곁에 일을 거 같지만

어느 날 뒤돌아보면

많은 것이 곁을 떠날지 모른다.

사랑할 수 있을 때 아껴줄 수 있을 때

미루지 말고 사랑하자"

<마지막인 것처럼> - 해밀 조미하

나의 딸은 초등학교 6학년이다. 눈뜨면 출근하는 직장맘에 욕구 중심의 아들 둘을 더 키우고 있어서인지 나에겐 유달리 딸아이가 빨리 커버린 느낌이다. 딸아이가 두 돌이 되기 전, 걸어다니는 것도 신기할 무렵의 일이었다. 딸아이는 거실 바닥에서 낮잠을 자고 있던 할아버지에게 자신이 쓰던 작은 이불을 가져다 덮어주었다. 그 일로 할아버지가 감동받으셔서 눈물을 글썽이시기도 했었다. 그렇게 어른을 울릴 정도로 속이 참 따뜻한 아기였다. 그런 아기가 어느덧 자라서 지금은 나와 농담을 나누고 때론 나를 놀리기도 하는 친구 같은 사이가 되었다.

문득 '언제 저렇게 컸지?' 하는 생각을 하다가 '아니지? 지금 커야지!' 하며 키를 재어본다. 무엇보다 지금 크지 않으면 안 된다는 것을 알기 때문이다. 나는 딸아이의 급성장기가 올해까지임을 알고 있다. 그래서 성장 전문가 엄마는 딸아이의 초경 시기를 가늠하면서 그 전에 최대한 키우려고 운동과 잠, 영양, 건강 등을 챙기며 때를 놓치지 않으려고 애쓰고 있다.

그런데 부모님들께서 아이가 키가 클 수 있는 마지막 시기인 사춘기, 급성장기를 다 놓친 후 나를 찾아오는 경우가 많아 참 안타깝다. 나는 성장 관련 상담을 할 때마다 아이의 건강과 체형을 진단한 후, 진료상담실 밖으로 우선 아이를 내보낸다. 그다음 부모님과 별도로 아이의 최종 예상키와 남은 성장 가능 기간, 체질에 관한 이야기를 나눈다. 이렇게 하는 이유는 아이가 최종 예상키를 미리 듣게 되면 스스로 자신의 키를 제한해 더 자랄 수 있음에도 자라지 못할까 하는 우려 때문이다.

어떤 아이는 급성장기가 모두 지난 후, 성장 가능성이 거의 없을 때 오기도 했다. 결과를 알게 된 엄마는 후회와 자책감으로 눈물을 보이는 경우도 다반사였다. 물론 나도 엄마이기에 그 안타까움에 너무나 공감한다. '아이가 다 클 동안 검사도 안 해보고 손 놓고 뭐 했나' 싶은 자책감과 '아이가 작은 키로 인해 이성에게 상처받거나 또래들 사이에서 열등감을 느끼면 어쩌나', '원하는 직장에 못 들어가면 어쩌나' 걱정이 깊을 것이다.

이런 힘든 마음에 충분히 공감하지만 성장할 시간은 돌이킬 수가 없다. 나는 물론이거니와 어떤 병원에 가더라도 뾰족한 수가 없다. 성장판이 닫혀버리면 일리자로프 수술이라는 외과적 하지절단술 외에는 뼈를 길어지게 할 방법이 없다. 일리자로프 수술은 가브릴 일리자로프(Gavril Abramovich Ilizarov)라는 구소련의 정형외과 의사가 고안한 방법으로, 뼈를 늘릴 부위의 피질골을 부러뜨려 한 달에 0.5~1cm 정도 늘려 6~12개월 후에는 약 6cm까지 키를 늘릴 수 있는 수술법이다. 수술 후유증, 흉터, 통증 등의 위험이 있어 신중하게 고려해야 하는 방법이다.

때를 놓쳐 후회스럽더라도 키를 좀 더 키우겠다고 이런 위험한 수

술을 할 수도 없는 노릇 아닌가. 그래서 무엇보다 아이의 성장 시기를 잘 살피고 사춘기 신호를 잘 확인해야 한다.

성준이는 중학교 1학년 남학생으로, 아빠 키가 182cm이고 엄마 키가 152cm였다. 그래서 유전 키는 173.5cm였다. 키가 작은 엄마는 본인 탓으로 아이가 작을까 우려해서 어릴 때부터 미리 검사를 해보고 싶었다고 했다. 그런데 아빠가 "놔두면 클 키인데 너무 극성 부리지 말아요"라며 만류한 모양이었다. 그래서 성준이가 중학생이 되어서야 나를 찾아온 것이었다.

처음 상담할 때부터 나는 성준이의 목소리를 듣고 변성기가 이미 와 있음을 알았고, '성장할 시간이 얼마 안 남았구나' 싶어 염려스러웠다. 검사를 해보니 아니나 다를까 성준이는 실제 나이보다 뼈나이가 1년 6개월 정도 빨랐다. 사춘기인 급성장기가 끝나가고 있는 셈이었다.

뼈나이는 성장판을 x-ray로 검사해서 추정하는 성장 나이다. 이 한 번의 검사만으로도 숙련된 판독자는 얼마의 시간이 지나면 성장판이 닫힐 것이며, 남은 키는 어느 정도인지 대략적인 예상이 가능하다. 성준이는 내원 당시 160cm였고, 최종 예상키는 167cm였다. 엄마는 결과를 확인한 후 아빠를 원망하기 시작했고 아빠는 미안한 마음에, 그래도 클 거라며 노력해보자고 엄마를 다독였다.

나는 17년간 이런 경우를 너무나 많이 보아왔다. 특히 아빠가 늦게 자랐던 경험이 있는 가정에서는 아들이 고등학생 때 클 것이라 예상하고 무작정 기다리다 시기를 놓치는 경우가 부지기수였다. 사춘기 징후가 보임에도 성장할 시간이 무한한 듯, 적절한 때를 흘려보내고 때늦은 후회로 밤잠을 설치는 모습을 보면 나도 함께 속상했다.

성장하는 아이들에게 2~3년은 너무나 귀한 시간이다. 그렇다면 우리 아들딸들이 사춘기에 들어갔는지를 어떻게 알 수 있을까? 더불어 키가 클 수 있는 시간이 얼마나 남았는지 어떻게 알 수 있을까?

2차 성징을 구별할 때 널리 사용되는 '태너 발달 단계'라는 것이 있다. 태너 발달 단계는 영국의 소아과의사 제임스 태너(Tanner JM)가 이끈 '하펜덴 성장 연구 프로젝트'에서 수백 명의 보육원 아이들을 대상으로 정밀한 신체 측정을 통해 정립한, 사춘기 신체 변화 과정을 도식화한 단계표다.

남녀 모두 5단계로 나뉜다. 딸의 경우, 유방 발육이 보이면 1년 6개월 후쯤 초경을 한다. 이후 6개월 정도를 합해 총 2년 동안이 급성장기다.

예를 들어, 우리 딸이 유방발육이 보이고 1년이 지났다면 6개월 이후 초경할 가능성이 크다고 예측하면 된다. 잘 클 수 있는 시간이

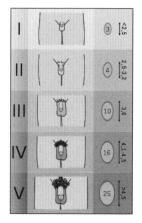
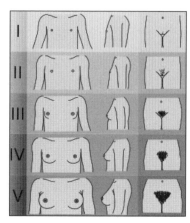

| 태너 발달 단계에 다른 남아의 변화 | | |
|---|---|---|
| 태너 단계 | 고환 크기 (용적, 부피) | 음경 길이 |
| 1단계 | 1.5ml | 작음 |
| 2단계 | 1.6~6ml | 큰 변화 없음 |
| 3단계 | 6~12ml | 6cm |
| 4단계 | 12~20ml | 10cm |
| 5단계 | 20ml 이상 | 15cm |

| 태너 발달 단계에 따른 여아의 변화 | |
|---|---|
| 태너 단계 | 가슴 변화 |
| 1단계 | 변화 없음 |
| 2단계 | 가슴 몽우리 생김 유륜 넓어짐 |
| 3단계 | 유륜 커지고 주변에 살이 붙기 시작 |
| 4단계 | 유륜과 유방, 유방조직 위에 덩어리 형성 |
| 5단계 | 성인형에 가까워짐 |

| 태너 발달에 따른 음모의 변화(남녀 공통) | |
|---|---|
| 태너 단계 | 음모 특징 |
| 1단계 | 음모 없음 |
| 2단계 | 색소 침착. 약간 길고 솜털 같은 털 보임 |
| 3단계 | 털이 거칠고, 구불구불함 |
| 4단계 | 성인형 털의 양상, 음부에 한정됨 |
| 5단계 | 털의 범위가 확장됨 |

1년 정도 남은 것이다. 아들의 경우, 고환이 4cc 이상 커지는 태너 2단계를 사춘기 시작으로 본다. 이후 3년 이내로 급성장기는 끝난다. 아들에게 변성기가 찾아오면 대략 1년 정도 후에 급성장기가 끝나게 된다.

정리하면, 급성장기는 사춘기다. 신체의 2차 성징이 나타나기 시작한 후, 딸은 2년, 아들은 3년간의 기간을 의미한다. 아이들의 사춘기는 생각보다 짧다. '마냥 크겠지…' 하고 있다가 낭패 보기 십상이다. 딸에게 가슴 몽우리가 생겼다면 그때 이미 140cm 이상 커 있어야 최종 키가 160cm를 넘기기 쉽다. 아들이 고환이 다소 커졌다면, 그때 이미 150cm 이상 커 있어야 최종 키가 174cm를 넘기기 쉽다. 아이의 신체 변화에 따라 현재 키가 또래 중간 키를 웃도는지, 또는 밑도는지를 먼저 확인해야 한다. 밑도는 듯 여겨지면 우선 성장판 검사를 통해 성장 기간이 얼마나 남았는지 확인하는 것이 중요하다.

내가 운영하는 한방 성장클리닉 센터에는 형제, 자매들이 성장클리닉을 동시에 받는 경우가 많다. 형이나 언니가 먼저 검사를 해본 후, 늦었음을 알고 동생이라도 때를 놓치지 않기 위해 연달아 데리고 오기 때문이다.

그러면 결과적으로, 성장할 시간이 넉넉히 남아 있었던 동생들이

형, 누나들보다 키가 더 커진다. 시기적으로 이른 진단을 받아 미리부터 관리한 동생들이 당연히 더 클 수밖에 없다. 그래서 부모님은 동생보다 작은 형과 누나에게 어쩔 수 없이 미안해했고, 키가 큰 동생은 자연스레 형, 누나의 눈치를 보기도 했다.

사춘기는 급성장기인 동시에 심리적으로도 자발성이 강해지는 시기다. 시기상 아이들은 어릴 때와는 달리 때때로 부모님 뜻에 따르기를 거부하곤 한다.

진주는 초등학교 3학년부터 꾸준히 운동과 생활 관리를 하면서 필요한 시기에 성장한약도 복용했다. 그 결과 2년간 16cm를 클 수 있었다. 그랬던 진주가 학년이 올라가면서 한약도 거부했고, 편식도 갈수록 심해졌다. 학원 가는 길에 편의점에서 삼각김밥과 음료수 등으로 끼니를 때우는 날이 늘었고, 스마트폰을 보면서 잠도 늦게 자는 날이 많아졌다.

"말을 해도 그때뿐이고 잔소리가 길어지면 결국 싸우게 되니 포기했어요"라며 엄마는 속상해했다. 어느 순간부터 진주는 살이 찌는데 반해 키 성장은 정체하기 시작했다.

이렇게 2년 정도 시간이 흐르면 어떻게 될까? 성장판은 거의 남아있지 않고, 키는 만족스럽지 않은데 뭔가를 하기엔 뚜렷한 성과를 보기 힘든 안타까운 상황을 맞이하게 될 것이다. 그럼, 이런 경우는 어찌해야 할까?

사춘기 아이들의 특징은 잘하지도 못하고 제대로 하지도 못하면서 마치 알아서 할 것처럼 행동하는 태도다. 이 시기의 아이는 키가 크고 싶지만, 엄마가 시키는 대로 노력하기는 싫고, 매사를 다 귀찮아하는 경우가 많다.

"엄마 내 친구 ○○이는 나보다 더 심해! 맨날 늦게 자고 라면만 먹어!"라며 스스로를 방어한다. 어른 입장에서는 참 받아들이기 힘든 시기적 특징이 아닐 수 없다. 반면, 갱년기에 접어든 엄마는 엄마대로 아이와 실랑이하는 것이 힘들고 체력도 달린다. 그러다 보니 어느 순간, 그냥 방관하게 된다. 마음은 불편하고 불안하지만, 체력과 인내심이 예전 같지 않다.

이럴 때는 우선 엄마의 마음부터 챙기는 것이 1순위다. "스스로가 한심하고 사람들이 싫어질 때는 내가 지쳤다는 신호라 여기고 충분히 쉬어라. 그것이 스스로를 위한 최선의 배려다"라고 이야기한 니체(Friedrich Wilhelm Nietzsche)의 말처럼, 엄마가 먼저 쉬어야 한다. 좋아하는 음식도 챙겨 먹고, 사춘기 아이를 위한 관련 도서도 읽어보고, 운동도 하면서 스스로를 돌보아야 한다. 이후에 이 충전된 긍정에너지로, 아이를 마구 몰아세우며 폭풍 한숨과 잔소리를 쏟아내려는 마음을 다스려야 한다.

그런 후, 아프리카 초원에서 소떼를 기다리는 사자처럼 때를 기다려야 한다. 아이가 자기 관심사를 말하거나 기분을 표현할 때까지.

그리고 사려 깊은 노승처럼 아이의 말을 길게 오래 들어주면 좋겠다. 대화의 주도권을 아이에게 주는 것이다. 어릴 때는 주로 어른이 말하고 아이는 듣고 지시에 따라 주었다. 이제 그런 한 방향 대화는 반감만 살 뿐이다. 아이의 관심사에 관심을 갖고 사려 깊게 들어주면 소통의 물꼬가 열릴 것이다.

예를 들어, 아들이 여자 아이돌 가수를 좋아하면 검색해서 이름과 대략의 프로필과 음악을 숙지한다. 아들이 그 여자 아이돌 이야기를 살짝 꺼내는 가뭄의 단비 같은 순간이 오면 아는 척 물어봐준다. "○○이 키가 163cm라지? 소속사 바꾼다던데?" 그럼 아들은 보통의 대화 수준을 훨씬 능가할 만한 양의 문장들을 쏟아낼 수도 있다. 이렇게 아들의 관심 분야를 공유하면서 관계를 회복하다가 무심히 "채소 반찬이 키 성장에 너무나 중요하다고 하더라고…, 라면 국물이 뼈를 약하게 할 수도 있다던데…" 하면서 정보를 제공해주면 좋겠다. 이렇게 사춘기 아이와 유대감을 쌓은 후, 키 성장에 좋은 정보들을 짧게 반복적으로 말해주면 어떨까. 사춘기 아이들이 잔소리라 여기지 않고 좀 더 쉽게 받아들일 수 있도록 말이다.

사춘기는 성장에 너무나 중요한 시기다. 딸에게는 2년, 아들에게는 3년이면 끝나는 마지막 불꽃 같은 시기다. 이 시기가 지나면, 2~3년간 4~5cm 정도 더 자라면 키는 다 자란 것이다. 그러므로 우리는 아이들의 사춘기 징후를 잘 살펴야 한다. 혹시나 여드름, 정수리 냄새 등의 2차 성징이 또래에 비해 빠른 듯하다면, 우선 성장판 검사부터 하길 권한다. 그리고 영양, 수면, 운동 등 성장에 중요한 생활 습관을 더 살뜰히 챙겨주어야 한다.

나도 40대 중반이 넘어가면서 체력적인 부분이 이전과 다름을 느낀다. 이럴 때일수록 중년의 엄마, 아빠는 자신을 스스로 챙겨가면서, 아이의 사춘기에 대해 공부해야 한다. 사춘기 관련 영상을 보거나 관련 책을 읽고 지혜롭게 사춘기 아들딸과의 관계를 풀어나가야 할 것이다.

부모님들이 내가 화병 날 지경이라며 내 몸 하나 건사하기도 힘들다고 하소연할 듯도 하다. 힘들어도 어찌하겠는가. 《아이는 99% 엄마의 노력으로 완성된다》라는 책도 있지 않던가.

# 06

## 사춘기 이전에 키가 너무 많이 크면 주의하세요

180
170
160
150
140
130
120
100

2년 전에 만난 정한이는 초등학교 3학년이었다. 밥을 잘 안 먹었고 키는 또래보다 8cm가 작았다. 그래서 나는 3개월 정도 한약을 복용하게 했다. 이후 정한이는 식욕이 늘면서 살도 좀 쪘고 키도 눈에 띄게 자랐다. 성장판 검사상으로도 뼈나이가 다소 느렸기 때문에 당장 장기간의 치료가 필요하지는 않아 보였다. 그래서 우선은 6개월 단위로 키 측정과 성장 검사로 점검만 하기로 했다.

그런데 정한이와 정한이 엄마는 집이 너무 멀다 보니 차일피일 재검사를 미루다 2년 만에 나를 찾아왔다. 나를 다시 찾아온 정한이는 어느덧 초등학교 5학년이 되어 있었다. 키도 잘 자라서 150cm 정도로 또래 키와 비슷했다. 나는 정한이가 잘 자라 와서 기뻤다.

반면, 나와 달리 엄마는 걱정스러운 표정이었다. 정한이가 변성기가 오고 이마의 여드름이 너무 심해졌기 때문이었다. 더 일찍 오고 싶었으나 뜻대로 되지 않았다고 했다. 엄마는 따로 준비하는 공인중개사 시험으로 바빴고, 아빠는 자신의 키가 167cm로 작았음에도 살면서 큰 불편이 없었다며 키가 작아도 된다는 입장이기 때문이었다. 그런데 근래 들어, 정한이의 신체가 너무 빠르게 변하는 것을 본 아빠가 걱정하기 시작했다. 그것을 계기로 온 가족이 나를 찾아온 것이었다.

정한이의 검사 결과는 가족 모두를 놀라게 했다. 정한이는 사춘기 3년 중 절반이 지나갔고, 뼈나이도 2년 정도가 빨랐다. 2년 동안 19cm가 자라면서 뼈나이가 2배속으로 진행된 것이었다. 최종 예상 키는 162cm였다. 좀 작아도 된다는 입장이던 아빠 또한 "이건 너무 작은데…" 하면서 웃으셨다. 웃고 싶어 웃는 게 아닌 당황한 아빠의 마음이 그대로 전해졌다.

그래서 아이가 너무 많이 큰다 싶으면 한 번쯤 검사해보는 것이 꼭 필요하다. 아들들은 초등학교 6학년 정도에 사춘기로 접어들면서 키가 많이 자라는 것이 정상 속도다. 딸들은 초등학교 4학년 정도에 사춘기로 접어들면서 키가 많이 자라는 것이 일반적인 패턴이다. 그런데 이 시기보다 너무 앞질러서 아이가 많이 자라는 듯하면 성장 레이스에서 너무 이른 출발을 한 것은 아닌지 점검해야 한다. 이른 출발은 남들보다 더 이른 키 성장의 종료를 예고하기 때문이다.

성장 진행 속도가 아무리 빠르다고 해도 적절한 대응책을 마련해서 조처하면 속도를 어느 정도 늦출 수 있다. 아들들에 비해 딸들의 경우, 엄마가 때를 놓치지 않고 사춘기 지연과 키 성장이라는 2마리 토끼를 다 잡는 흡족한 사례가 많았다. 외부로 드러나는 2차 성징이 아들들에 비해 더 명확하기 때문이었다. 딸들의 가슴 변화와 초경이라는 2가지 명확한 징후가 엄마로 하여금 발 빠르게 대처하도록 만드는 강력한 동기로 작용하기 때문이었다.

가현이는 친척 소개로 진주에서 상담을 받으러 온 친구였다. 가현이는 초등학교 1학년 겨울을 지나고 있었다. 나이는 만 7년 3개월이었다. 가슴 몽우리가 보이고 타 의료기관에서 혈액검사를 한 후 결과지를 들고 나를 찾아왔다. 키는 132cm로 또래보다 6cm 정도 큰 편이었다. 3월생인데다 키까지 커서 누가 봐도 초등학교 1학년으로 보이지 않았다. 그런데 타 의료기관에서 진행한 혈액 검사상 성장 속도가 너무 빨라지고 있었다. 가현이는 사춘기 진입 단계로, 초등학교 3학년 말 정도에 초경을 할 수도 있는 상황이었다. 뼈나이가 3년 정도 빠르게 진행되고 있었으므로 최종 예상키는 153cm였다.

부모님은 딸의 성장 상황을 이미 알고 있었던 터라, 내가 설명하는 결과를 듣고도 크게 놀라거나 당황해하지 않았다. "이제 어떻게 하면 좋겠습니까?" 하는 해결 방법만을 듣고 싶어 했다.

가현이가 빠르게 성장한 원인은 1~2가지로 명확한 것을 아니었다. 우선 영양 과다와 스트레스 부분을 체크해보았다. 가현이는 육류를 너무 좋아했고 입에 맞는 음식은 다소 폭식하는 습관이 있었다. 그 결과, 체지방이 4kg 정도 많았다. 활동성은 높았고 예민한 성격도 아니며 잠도 10시 전에 자는 아이였다.

나는 육류 섭취를 30% 줄이고 다양한 채소 섭취를 늘리도록 했다. 가현이가 즐기는 육류는 주로 삶은 형태로 먹길 권했다. 항생제, 호르몬제 등이 고기의 지방에 남아 성조숙증에 영향을 줄 가능성 때문이었다. 운동은 계속해왔던 태권도를 그대로 하게 했다. 그리고 환경호르몬의 노출을 줄이고자 배달음식을 최소화하고 당분과 식품첨가물이 많은 라면, 과자, 음료수 등을 대폭 줄이면서 한방 성장클리닉을 병행했다.

그래서 가현이는 얼마나 자랐을까? 올해 가현이는 초등학교 6학년이 되었다. 현재키는 161cm이며, 계속 자라는 중이다. 초경은 초등학교 5학년 여름방학에 시작했다. 초경 시기가 1년 6개월 정도 미뤄졌으며 최종 키는 163cm 이상 될 것으로 예상된다.

이렇게 미리 대처한다면 너무 이르게 자라는 아이들도 좀 더 오래, 좀 더 건강하고 크게 자랄 수 있다.

요즘 부모님들은 아이들의 때 이른 성장에 당황해하는 경우가 많다. 부모 세대만 해도 고등학교 때 많이 컸다는 아빠도 많고, 초경을 중학교에 가서 한 엄마가 대부분이었다. 그러다 보니 "아니 벌써? 그럼 도대체 요즘 아이들은 사춘기가 언제 오나요?"라며 궁금해한다. 2003년 출생아 기준 초경 시기는 12.6세다. 1980년대 출생아 기준은 13.1~13.8세로, 20년 만에 초경 연령이 약 1년 정도 앞당겨진 것이다. 딸들의 성장이 더 빠른 편이었으나 최근 통계자료에 따르면 아들과 딸의 차이가 점차 줄고 있는 추세다.

아이가 비만이나 과체중인 경우, 빨리 자랄 확률이 1.5~2배가 더 높았다. 그러나 마르고 작은 체격의 아이 또한 안심할 수 없다. 갈수록 빨리 자라는 사례가 늘고 있기 때문이다.


그럼, 우리 아이들이 왜 이리 빨리 자라는 걸까?

특정 질병으로 인한 경우를 제외하고는 원인이 확실치 않지만, 70~80%가 유전이다. 엄마가 빨리 크고 초경이 빨랐거나, 아빠가 어릴 땐 컸으나 고학년으로 갈수록 크지 않아 키가 작은 편으로 밀렸다면, 아이들 또한 빨리 클 가능성이 아주 크다.

나는 2월생이라 7살에 초등학교를 입학했음에도, 초등학교 6학년 여름에 초경을 했다. 당시로는 참 빨리 한 편이었다. 그래서 나는 딸이 걱정되어 초등학교 1학년 무렵 발 빠르게 검사했다. 아니나 다를까 벌써 1년 6개월 정도 뼈나이 진행이 빠른 것을 확인할 수 있었다. 그래서 나는 일찍부터 한약과 식이로 딸아이를 관리해왔다.


유전은 참 여러모로 부모를 미안하게 만든다. 그러나 희망적인 것은 유전이 다가 아니라는 사실이다. 아이가 빨리 자라는 이유는 후천적으로도 다양하다. 당분 섭취 증가로 인한 소아비만과 환경 호르몬 증가, 빛의 노출로 인한 멜라토닌 호르몬 분비 저하, 텔레비전·인터넷을 통한 영상물의 자극 등도 영향을 미칠 것으로 보고 있다. 이 외에도 저체중 출생아와 부당 경량아의 경우도 사춘기가 빨리 오거나 성장의 진행 속도가 빠른 사례가 많다. 저체중 출생아는 태어날 때 2.5kg 미만인 아기를 뜻하며, 부당 경량아는 키와 체중이 임신 주수에 비해 3% 미만인 아기를 뜻한다.

예솔이와 예준이는 성별이 다른 이란성 쌍둥이였다. 태어날 때 체중이 둘 다 2kg이 안 되었다. 다행히 인큐베이터에 들어갈 정도는 아니었으나 돌 전까지 체중과 키가 간신히 성장백분위 수 3%에 들어갔다. 두 아이의 엄마는 아이들이 5세가 되었을 때 나를 찾아왔다.

"밥 잘 먹고, 안 아프고, 살 좀 찌게 해주세요!"

한방 성장클리닉을 하면서 내가 가장 많이 들었던 엄마들의 소원이었다. 예솔이와 예준이의 엄마도 비슷한 기대로 아이에게 보약이라도 먹일까 해서 온 것이었다. 두 아이는 한약을 먹고 어느 정도 면역과 소화 기능을 회복했다. 나는 두 아이가 쌍둥이면서 저체중아로 태어났기 때문에 성장 속도가 빨라질까 우려스러웠다. 그래서 엄마에게 아이들이 초등학교 1학년에 들어가면 성장판 검사를 꼭 해보라고 권유해드렸다.

이후 당부드린 시기를 다소 넘기고, 엄마와 두 아이를 나는 다시 만났다. 두 아이는 초등학교 4학년이 되어 있었다. 예솔이와 예준이는 사춘기 증상이 나타나고 있었다. 딸인 예솔이는 1년 정도 빠르게 자라고 있었고, 아들인 예준이는 2년 정도 빠르게 자라고 있었다. 이후 2년간 생활 습관, 운동, 한약 치료, 체형 교정 등으로 두루 관리하면서 예솔이는 163cm까지 키웠고, 예준이는 171cm까지 키울 수 있었다.

나 또한 아이 셋을 키우는 엄마다. 당연히 참관수업이나 각종 행사에 참석하고자 학교에 갈 일이 많다. 학교에 가면 학년별 아이들의 키가 눈에 자연스레 들어온다. 요즘 5~6학년 교실을 지나면 키가 150~160cm를 넘는 딸들이 많이 보인다. 아들들 중 어떤 아이는 벌써 코밑수염이 거뭇하면서 변성기가 와서 목소리가 굵어진 경우도 있었다. 뒤에서 체격만 보면 누가 담임선생님인지 헷갈릴 지경이다.

뼈나이가 1년 내외로 빠른 경우는 요즘 또래 집단에서 크게 이질적이지는 않다. 건강하고 키가 충분히 크다면 다소 빨리 자라는 것이 그리 큰 문제겠는가. 하지만 키가 크지 않은 아이가 성장 속도만 빨라 최종 키가 작은 것이 문제가 되는 것이다. 또 너무 빨리 커서 또래 아이들과 함께 생활하기가 심리적으로 힘든 경우도 미리 치료해주어야 한다.

어릴 때는 키가 커서 자신감이 넘치던 아이가 고학년으로 올라가면서 성장이 멈추어 결국 키가 작아 상처를 받는 경우도 많이 보았다. 아이가 그런 상황을 겪지 않도록 해주어야 한다. 우리 아들딸들의 성장이 너무 빠르다 느껴진다면 미리 검사하고, 할 수 있는 조치를 해주는 것이 중요하다. 한 뼘이라도 더 크고 싶지 않은 아이가 어디 있겠는가.

# 07

# 키 성장에 대한
# 잘못된 상식들

요즘은 자녀가 1명인 가정이 참 많다. 그러다 보니 한 명의 아이에게 조부모님, 부모님, 이모, 고모, 삼촌의 관심이 집중되기도 한다. 그런데 그 소중한 아이의 키가 작기라도 하다면? 아마도 가족들은 만날 기회가 있을 때마다 키에 대한 각종 정보를 나누며 성장에 좋은 방법들을 의논하게 될 것이다.

그런데 이렇게 진지하게 의논하는 각종 키 성장 관련 정보 중에는 잘못된 것들이 꽤 많다. 대표적인 몇 가지를 한번 살펴볼까 한다.

## 군대 가서도 키 큰다?

"내가 아는 ○○가 군대 가서 키가 많이 커서 왔어. 너도 나중에 클 거야."

그런 막연한 기대를 품고 아들이 키가 작음에도 불구하고 고등학생이 될 때까지 무작정 기다리다가 검사하러 오는 경우가 꽤 많았다. 그러다 성장판이 거의 닫혔다는 결과를 받게 되면 이구동성으로 이렇게 묻는다. "군대 가서 컸다는 사람은 뭔가요?"

예전에는 군대 가서 큰 경우도 있었을 것이다. 그러나 요즘 세대는 부모 세대보다 통계적으로 2년 가까이 성장이 빠르다. 특이하게 늦게 자라는 아이를 제외하곤.

성장판이 닫히는 시기는 성장판이 있는 부위별로 다르다. 일반적으로, 손가락, 발가락 부위의 성장판이 가장 먼저 닫힌다. 그다음으로 무릎, 손목, 발목, 마지막으로 척추, 골반 부위의 성장판이 닫힌다. 키 크는 데 가장 큰 비중을 차지하는 다리 성장판의 경우, 딸은 만14세, 아들은 만 16세에 성장이 끝난다.

반면, 척추 부위가 가장 늦게 닫힌다. 척추 부위 성장판의 경우, 딸은 만 16세, 아들은 만 18세에 닫힌다. 그래서 어릴 때는 다리가 길어 보이다가 고학년이 되면서 상체가 길어지는 느낌이 드는 것이다.

한편, 인체를 가로축으로 살펴보면 이보다 더 늦게 닫히는 성장판 부위도 있다. 바로 쇄골(빗장뼈)이다. 어깨와 가슴 윗부분을 연결하는 쇄골은 만 24~25세까지도 성장한다. 이 쇄골의 길이는 어깨너비와 관련이 있다. 즉, 쇄골의 길이가 길어지면 어깨도 넓어진다.

군대 가서 키가 컸다는 사람들은 실제로는 상체가 커져서 키가 커 보였을 수도 있다. 군대에서 받은 훈련으로 인해 쇄골이 자라면서 가슴이 넓어졌을 수 있다. 그로 인해 시각적으로 키가 확연히 더 커 보이게 된 것은 아닐까. 아니라면 어떻게 그렇게 많은 이들이 군대 가서 키가 컸단 말인가? 기이할 따름이다. 군대 가서도 큰다고? 그런 경우는 드물다. 대개 18세가 되면 아들의 성장은 거의 끝나기 때문이다. 상체가 발달하면서 전반적인 체격 조건이 좋아져 키가 커 보였을 가능성이 크다.

## 살이 키로 간다?

나의 오빠는 초등학교 고학년 무렵에 많이 뚱뚱했다. 명절에 친척들이 모이면 오빠에게 씨름을 시키라고 부모님께 조언할 정도였다. 그런 오빠가 중학교 2년 동안 키가 자라면서 그 많던 살이 빠져버렸다. 보이는 대로라면 살이 키로 간 것이 맞다.

하지만 알고 보면 사춘기에 접어들어 성장호르몬이 폭발적으로 나오면서 체지방을 태워버린 것이 실제 원리다. 성장호르몬은 키를 키우면서 동시에 체지방도 태우기 때문이다. 성장호르몬은 지방을 에너지원으로 활용하도록 자극한다. 그 결과, 사춘기인 급성장기가 되면 아이들이 살이 빠지기 쉽다.

아마도 많은 어른들이 이런 경우를 꽤 보았으리라. 그래서 "살이 키로 간다! 살쪄도 된다! 많이 먹어라!" 하는 것이 아닐까 한다. 성장 관련 상담을 하다 보면, 조부모님이 특히 이렇게 생각하는 경우를 많이 보았다. 직장을 다니는 부모님 대신 손주를 키우면서 아이가 먹고 싶어 하는 과자, 아이스크림, 음료수를 제한 없이 허용했다. 그로 인해 아이들이 살은 찌는 데 반해 키가 안 자라서 나를 찾아오곤 했다.

영양 공급이 잘되어야 키가 크는 것은 맞다. 그런데 이런 당분 위주의 간식으로 인해 찐 살은 키 성장을 방해한다. 더욱이 사춘기 이전에 비만하면 내분비계의 교란으로 성조숙증이 더 쉽게 나타난다. 그러면 키가 자랄 시간이 줄어들면서 최종 키가 작을 우려가 커지게 된다.

나의 오빠도 초등 시기에 뚱뚱하지 않았다면 성장호르몬이 지방을 태우기보다 키 성장에 더 집중적으로 활용되어 키가 더 컸을 것이다.

### 두유가 성조숙증의 원인이 될 수 있으니 먹이면 안 된다?

딸들이 초등학교 2학년을 넘기면서 가슴 몽우리가 생기는 경우가 갈수록 늘고 있다. 요즘 엄마들은 그런 징후가 보이면 발 빠르게 검사를 하러 온다. 그렇게 성조숙증이 걱정되어 나를 찾아오면 꼭 "두유나 콩을 먹여도 되나요?"라고 질문한다. 이런 식품에 많은 식물성 에스트로겐이 딸의 사춘기를 앞당기지 않을까 염려되어서일 것이다.

'식물성 에스트로겐이 갱년기 여성호르몬 부족을 돕는다'라는 정보를 접한 엄마들은 어린 딸이 '이런 식품을 먹으면 빨리 여성화가 되지 않을까?'라고 추측하게 되는 것은 당연한 논리다. 그래서 엄마들은 병원에 갔을 때 두유나 콩을 딸아이에게 먹여도 되는지 묻는다. 어떤 의사 선생님은 먹이라고 하고 또 다른 의사 선생님은 먹이면 안 된다고 한다. 엄마 입장에서는 참 혼란스럽기 짝이 없다.

결론부터 이야기하면 먹여도 된다. 오히려 식물성 호르몬은 성조숙증 예방에 도움을 준다는 연구도 있다. 대부분의 식물성 에스트로겐은 체내 에스트로겐보다 약하다. 수명이 짧고, 축적되지 않으며 간에서 쉽게 분해된다. 에스트로겐이 과잉될 때는 체내 에스트로겐과 경쟁적으로 수용체에 결합해 과잉된 증상을 일부 줄여준다. 반면, 부족할 때는 수용체의 활성을 도와준다. 쉽게 말해, 여성호르몬이 과도할 때는 수용체에 대신 결합해 진짜보다 약한 품성으로 강도를 줄여주고, 부족할 땐 약하지만 지원군 역할을 해주는 것이다.

결과적으로 두유나 콩 등의 이소플라본 제제들은 에스트로겐 증진과 억제 양쪽으로 다 도움을 준다. 갱년기 엄마와 성조숙증 딸이 사이좋게 적당히 먹으면 되는 것이다. 건강에 좋은 콩이 억울하지 않도록 잘 챙겨 먹자. 오메가3 지방산과 칼슘도 많다니 말이다.

### 성장기에 다이어트는 무조건 금물이다?

아이가 뚱뚱한데 살을 빼면 키가 안 클까 봐 걱정되어 다이어트를 시켜야 할지, 말아야 할지 고민하는 경우가 많다. 다이어트라고 하면 굶는 것과 심한 저칼로리 식단을 떠올리니 갈등할 수밖에 없는 것이다. 실제로 빵, 과자 등의 간식류만 제한해도 아이들은 복부 비만이 줄고 키가 더 자라는 사례를 나는 흔하게 보았다.

성장기 아이들을 위한 다이어트는 단기간에 아이의 체중을 줄이는 것을 목표로 해서는 안 된다. 더 이상 아이의 체중을 늘리지 않겠다는 목표를 세우면 오히려 마음 편하게 다이어트시킬 수 있다. 아이들은 키가 계속 자란다. 자라면서 응당 늘어야 할 체중이 제자리에 머무르면 결국 살이 빠지게 되는 셈이다.

성장기 아이들을 위한 다이어트는 체중 감량이 아니라 체중 유지에 중점을 두어야 한다. 음식에 대한 욕구도 조절하기 힘들 뿐 아니라 키 성장을 위해 어느 정도 고르게 잘 먹어야 하기 때문이다.

만약 뚱뚱한 아이를 그대로 두면 어떻게 될까?

남녀 구별 없이 아이들이 비만이 심해지면 뇌에서 성장호르몬을 적게 분비한다. 엎친 데 덮친 격으로 성장호르몬이 몸에서 분해되는 비율은 도리어 증가한다. 성장을 직접 촉진하는 인슐린유사성장인자(IGF-1)는 주로 간에서 만들어지지만, 일부 지방세포에서도 만들어진다. 그래서 지방세포가 많은 뚱뚱한 아이는 어릴 때는 오히려 친구들보다 키가 약간 크다. 반면 점점 자라면서 보통 아이들보다 덜 자라게 된다. 혈액에서 성장호르몬이 빨리 줄어들기 때문이다. 그러므로 아이들의 원활한 키 성장을 위해서는 완만한 다이어트가 필요함을 기억하자.

## 겨드랑이털 나면 키가 안 큰다?

겨드랑이털이 난 아이들이 키가 다 자란 줄 알고 초조해하는 경우가 많다. 털이 난다는 건 사춘기 신호일 뿐인데 말이다. 물론, 이러한 징후 자체가 키가 많이 자랄 수 있는 시간이 2~3년 이내임을 시사하긴 한다. 그러나 키가 다 컸다는 의미는 아니다.

털의 부드럽고 얇은 정도도 중요한 감별점이다. 하늘하늘한 솜털은 아직 성장기 중임을 나타낸다. 겨드랑이털 또한 처음엔 부드럽고 얇은 것들이 나온다. 처음에 나온 솜털이 퇴행기가 되어 빠지고, 굵은 털이 풍성하게 나온다면 성장기이긴 하나 후반부임을 나타낸다. 물론 체질상 털이 적은 아이들도 있다. 그런 경우는 겨드랑이털이 거의 없음에도 키 성장이 끝나 있을 수 있다. 그렇기 때문에 겨드랑이털이 났다는 사실만으로 키가 다 컸다고 섣불리 단정할 필요는 없다.

# CHAPTER 2

# 키가 작은 원인은
# 따로 있다

# 키 작은 원인을 알고 해결하면
# 키는 알아서 큰다

서우는 성장호르몬 주사를 1년간 맞았다. 하지만 기대하던 효과를 보지 못해 치료를 중단한 후 나를 찾아왔다. 주사를 맞기 전에는 1년에 5cm 정도 키가 컸다고 했다. 성장호르몬 주사를 맞는 중에도 비슷하게 자라자 병원에서 더 이상 주사 치료를 권하지 않았다고 했다. 서우의 키는 또래보다 9cm가 작았다. 엄마는 차마 두고 볼 수 없어 지푸라기 잡는 심정으로 서우를 데리고 나를 찾아왔다.

나는 서우의 체질을 진단한 후, 키를 더 키우기 위해 무엇을 해야할지 계획을 세웠다. 그에 맞추어 한방치료와 영양요법, 생활 습관 관리를 진행했다. 결과는 1년간 8.5cm가 자랐고, 3년 후에는 또래 키와 비슷해졌다.

그럼 서우는 이전에 왜 키가 안 자란 걸까? '밑 빠진 독에 물 붓기'

라는 속담을 다들 알 것이다. 어딘가에 구멍이 나서 물이 새어나가고 있는데, 물만 계속 붓는다고 독이 채워질까? 안 붓는 것보단 낫겠으나 힘만 들고 원하는 결과를 충분히 얻기는 힘들 터이다.

키 성장도 마찬가지다. 단순히 성장호르몬이 혼자서 키를 자라게 하는 것은 아니다. 키 성장에 관여하는 대표적인 호르몬은 5가지다. 물론 이 호르몬들이 충분하다고 키 성장이 무조건 원활한 것도 아니다.

호르몬은 전령사다. 지령을 전할 뿐이다. 비유하면, 각종 호르몬은 더 많이 더 오래 훈련하도록 압박하는 운동 코치 같은 역할을 한다. 만약 선수의 체력과 정신력이 받쳐준다면 코치의 노력이 효과가 있을 것이다. 그러나 그렇지 못하다면 선수는 오히려 지치기만 하고, 코치의 노력은 헛수고가 될 뿐이다. 키 성장도 마찬가지다. 호르몬의 분비가 정상적이더라도 아이의 전반적인 건강과 체력, 영양 등이 뒷받침되어야 제대로 자랄 수 있다.

아이의 키를 더 키우고자 나를 찾아오면, 내가 처음 하는 일은 진단이다. 각종 검사와 상담을 통해 아이의 키가 어디서 새어나가 덜 컸는지를 찾아내는 것이다. 마치 밑 빠진 독의 구멍을 찾아내듯이 말이다.

심장이 약한 체질의 아이는 성격이 말 그대로 소심(小心)하다. 아이가 소심하면 어떠할까? 당연히 스트레스에 민감하고 긴장도가 높다. 낮에 힘든 일이 있었다면 유독 밤에 꿈을 많이 꾸거나 자다가 깨는 등 잠을 제대로 이루지 못하기도 한다. 이렇듯 긴장 신경계가 활성화되어 깊이 잠을 자지 못하면 키는 당연히 덜 자라게 된다. 아이가 잠을 자는 동안 키 성장의 70~80%가 이루어지기 때문이다. 그래서 심장이 약해 과민한 아이들은 심장을 강하게 해주고 안정시켜주어야 키가 더 잘 자란다.

폐가 약한 체질의 아이는 잔병치레로 인해 키가 클 여유가 없다. 한 해 동안 수시로 감기, 비염, 축농증, 중이염으로 소아과와 이비인후과를 들락날락한다. 이런 호흡기질환이 직접적으로 성장호르몬 분비를 저하시키거나 성장 부진을 유발한다는 직접적인 연구는 아직 충분하지 않다. 정확한 기전은 많은 연구가 필요해 보인다. 그러나 폐기관지가 약해 호흡기질환이 잦을 경우, 아이가 몸이 불편해 잠을 푹 못 이루니, 이차적으로 키가 덜 자랄 것은 분명하다. 더욱이 식욕도 떨어져 영양 섭취가 부족해지고 스트레스 호르몬 분비는 증가할 것이다. 당연히 이런 제반 요소들이 키 성장을 직접적으로 방해하게 된다. 이런 경우에는 잔병치레를 덜 하도록 체질을 개선해주어야 한다. 그러면 아이가 매년 덜 자라던 요인이 사라지므로 키는 더 자라게 되는 것이다.

비위가 약한 체질의 아이는 당연히 영양 공급의 부족으로 키가 덜 자란다. 키 성장을 위해서는 단백질과 당질, 지방, 다양한 미네랄, 비타민이 필요하다.

비위가 약한 아이는 침을 포함한 소화액 분비가 적다. 아기일 때부터 침 분비가 적으니 침받이가 별로 젖지 않는다. 몸통도 좁고 납작한 편이다. 이런 아이가 배꼽 작고 비위가 약한 체질에 속한다. 비위가 약한 아이들은 소화액 분비가 적어서 음식이 목구멍에서 빨리 안 넘어간다. 그러니 입에 물고 있거나 물로 억지로 삼키려 한다. 이렇게 밥 먹는 시간이 길어지면서 식사 시간에 혼나는 일이 생기게되고, 그러다 보면 밥 먹는 게 더 싫어지기도 한다. 또한 달거나 짠자극적인 맛이 아니면 크게 맛있다고 느끼지 못하는 경향도 있다. 그래서 달콤한 주스나 짜고 매운 라면 등에 빠져들어, 자라면서 편식이 더욱 심해지곤 한다.

결국 음식이 넘쳐나는 시대에 아이러니하게도 영양 부족으로 키가 충분히 자라지 못하게 된다. 이럴 때, 비위가 약한 체질을 개선해소화 흡수 기능이 좋아지면 아이는 조금 더 다양한 음식을 더 많이먹게 되어, 키가 눈에 띄게 자라게 된다.


신허(腎虛)한 체질의 아이도 키 성장이 원활하지 않다. 한방적으로, 신허한 체질의 아이는 하체가 약해 잘 넘어지며 지구력이 부족해 쉽게 지친다. 뼈와 근육이 약하니 키가 자라기 위한 재료가 턱없이 부족하다. 뼈가 약하면 더불어 치아가 약할 가능성도 커서 충치가 잘생긴다.

주변을 둘러보면 이런 아이들이 눈에 띌 것이다. 산만할 정도로 활동성이 높은 데 비해 하체가 약해 넘어질까 봐 노심초사 불안한 아이들 말이다. 이런 아이들은 쉽게 지쳐서 친구들과 잘 뛰어놀다가도 시간이 좀 지나면 힘이 빠져 앉아 있는 일이 많다. 또 아기일 때 걷고 뛰는 게 늦거나 대근육, 소근육, 언어발달 등이 전반적으로 느린 아이들이 여기에 속한다. 이런 아이들의 체질적인 부분을 개선해주면 키도 더 자라고 체력도 좋아지며 발달도 좀 더 빨라진다.

중국에서 살던 정인이는 1년 전에 한국으로 영구 귀국했다. 우리나라 나이로 6학년임에도 키는 137cm로, 또래보다 14cm가 작았다. 보다 못한 친할머니가 정인이 엄마와 정인이를 데리고 나를 찾아왔다. 정인이는 편식도 심하고 밥양도 적어서 4~5숟가락 정도 먹으면 배불러 했다. 과일을 먹을 때도 귤 1개 양이면 끝이었다.

정인이를 진단해보니 심장도 약하고 비위도 약한 체질의 아이였다. 이로 인해 키가 줄줄 새고 있는 것이었다. 구멍 난 독을 막아주어야 했다. 그래서 체질 맞춤 성장탕으로 심장 기능을 보강해 긴장을 줄이고, 마음을 안정시키는 것과 더불어 소화 흡수 기능을 회복시켜주었다. 싫다고 꺼리는 식재료는 최대한 잘게 잘라서 비교적 잘 먹는 고기나 달걀과 섞어 먹도록 했다.

이후 어떤 결과를 얻었을까? 3월에 137cm, 28kg이던 정인이는 같은 해 12월에 145cm, 34kg이 되었다. 9개월간 8cm가 자라고 체중이 6kg이나 늘었다. 잠도 자다 깨는 일이 확연히 줄고 먹는 양도 많이 늘어났다. 정인이는 나를 찾아오기 전부터 이차 성징이 나타나는 사춘기에 들어와 있었다. 잘 커야 하는 중요한 시기인데 제대로 크지 못하다가 체질이 개선되면서 키가 폭발적으로 자라게 된 것이다.

나의 엄마는 화초 돌보는 일을 좋아하신다. 직장맘인 나를 대신해 세 아이를 돌보시는데 이골이 나신 탓일까. 개나 고양이 같은 동물을 돌보는 건 극구 싫어하신다. 반면 화초를 사고 가꾸는 데는 애정이 넘치신다. 엄마는 올망졸망 모양이 귀여운 다육이는 배수가 잘 되는 토양에 심어 햇볕이 들어오는 창가에 두신다. 과실수는 과실이 잘 열 수 있도록 꽃피기 전 양분이 될 거름을 챙겨 넣어주신다. 이렇듯 화초를 기를 때도 개별 특성을 고려해서 보강할 부분은 보강해주고, 피해줄 환경은 피해주는 세심한 관리를 한다.

하물며 눈에 넣어도 안 아프다 할 내 아이가 제대로 자라지 못하고 있다면, 정확히 원인을 파악하고 해결해 제대로 잘 자라게 해주어야 하는 것이 당연하다. 무턱대고 안 먹으면 먹으라고 강요만 하고, 잠을 잘 자지 못하면 예민해서 키우기 힘들다고 한탄만 하고 있어서는 안 된다. 물이 새고 있는 독의 구멍을 막듯이 원인을 찾아 막아주면 키도 잘 자라고 몸도 더욱 튼튼해진다.

180

170

160

150

140

130

120

100

## 02

# 예민하고 잠을 푹 못 자고
# 자주 깨요

'100일의 기적', 아이를 키워본 부모라면 누구라도 간절하게 기다려봤을 기적의 날이다. 갓난쟁이 아기를 안고 다니는 엄마에게 "아이가 태어난 지 얼마 되었어요?" 하고 물으면 기다릴 틈도 없이 "○○일 되었어요!"라고 빠르게 답을 한다. 매일의 날수를 세고 있는 것이다. 왜 이토록 아기가 태어난 후의 날수를 세어가며 100일이 지나길 기다릴까?

내 경험에 비추어보면, 육아가 너무 힘들어서 시간이 빨리 흘러 아기가 얼른 크길 바라는 간절함 때문일 듯하다. 나는 아기 키울 때 무엇보다 잠을 푹 못 자는 것이 너무 고통스러웠다. 음식보다 잠이 우선인 나인데, 하룻밤에 4~5번씩 일어나는 것은 정말 고역이었다. 그래서 100일의 기적을 간절히 기다렸다. 하지만 100일의 기적은 드라마처럼 '짠' 하고 나타나지 않았다. 아기는 태어난 지 4~5개월이 지나서야 통잠을 자기 시작했고, 이후 나의 잠에 대한 간절함은 사라졌다.

반년도 채 되지 않는 기간이었지만 잠을 제대로 못 자는 날들이 나는 참으로 힘들었다. 그런데 성장클리닉을 운영하면서 수개월이 아니라 수년간 이런 생활을 한 부모님들과 아이들을 많이 만나게 되었다. 대표적으로 야제(夜啼)증, 야경(夜驚)증이 있는 아이들 사례를 이야기해볼까 한다. 야제증이란, 밤에 자다가 깨서 우는 증상을 뜻한다. 야경증이란, 우는 증상과 함께 격하게 짜증, 잠투정을 부리는 증상을 뜻한다.

아이가 돌이 지나고 어느 정도 자란 후에도 지속적으로 나타나기도 하는 증상이다. 짧게는 1년, 길게는 4~5년간 아이의 부모는 제대로 된 잠을 못 잔다. 원인은 뇌 발달의 미성숙이나 유전과 연관이 있고, 아이가 자라면서 나아진다고 알려져 있다. 그래서 아이의 부모는 무작정 참고 견디다 오는 경우가 많았다.

물론, 이런 야제증과 야경증은 아이가 자라면서 없어지는 경우가 대부분이다. 하지만 부모는 그 기간 동안 잠을 푹 못 자니 삶의 질이 현격히 떨어지고 행복감이 줄어들어 우울함에 시달린다. 애착 관계가 중요한 유아기에 부모의 기분은 아이에게 그대로 영향을 미친다. 또한 아이에게도 만 3세 전은 1차 급성장기로 키 성장에 더없이 중요한 시기다. 이때 잠을 푹 못 자면 키가 덜 자라 키 작은 아이가 될 확률이 높다.

야제증과 야경증은 심장이나 비위가 약한 아이, 열이 너무 많은 아이에게서 나타난다. 어릴수록 뇌와 오장육부가 미성숙한데 체질적으로 이런 부분이 더 약한 아이들이 잠을 설치게 되는 것이다.

유리는 4살 된 겁많은 공주님이었다. 진료실에 들어오면서부터 울기 시작했다. 엄마는 간신히 사탕으로 달랜 후, 유리에 대한 이야기를 시작했다. 유리는 자다가 3~4번씩 깨서 우는데, 한번 울면 30분가량 다독여야 잠이 든다고 했다. 그래서인지 영유아 건강검진을 가면, 유리의 키는 하위 1~3%로 나온다며, 너무 키가 작아 걱정이라고도 했다.

유리의 엄마는 "이제 곧 동생도 나올 텐데 감당할 자신이 없어요"라며 한숨지었다. 옆에 앉아 있는 아빠도 힘들고 지친 기색이 역력했다. 유리가 태어난 이후, 잠 한번 푹 자보는 게 부부의 소원이 되었다고 했다. 이 부부는 '유리에게 한약을 먹이면 좋아질까' 하는 기대 반, 의심 반인 마음과 까탈스러운 유리가 안 먹으면 어쩌나 하는 걱정까지, 이래저래 복잡한 심경이었다.

한약을 지어간 후 2개월이 지났고, 유리의 동생이 태어났다. 유리는 어떻게 지냈을까? 생각보다 한약이 쓰지 않아 잘 먹었고 잠은 자다 한두 번 살짝 깨긴 하나 울지 않고 바로 자게 되었다. 그러면서 밥맛이 좋아져 밥양도 늘었고 키도 2개월간 2cm가 자랐다. 유리의 부모님은 "이렇게 빨리 좋아질 줄 알았다면 진작 치료해서 그 고생을 안 했을 텐데…"라며 억지로 견딘 시간을 아까워했다.

우리는 하루 평균 8시간, 즉 하루의 3분의 1이나 되는 시간을 잠을 자면서 보낸다. 우리 몸은 왜 이렇게 많이 자도록 설계되어 있는 것일까? 자는 동안 우리의 뇌와 몸은 피로를 회복하고 손상된 세포를 수리해 다시 건강한 상태로 되돌린다. 또한 키도 이때 자란다. 잠자는 동안과 누워서 쉴 때 뼈의 성장이 90% 이상 이루어진다는 동물 실험 결과가 이를 보여준다. 한편, 공부하는 학생에게 잠은 낮에 배운 지식을 장기기억으로 저장시키는 소중한 시간이기도 하다.

이렇게 잠이 성장과 학습에 중요한데 초등 시기에도 잠을 설치는 아이들이 많다.

초등학교 3학년인 성준이는 자려고 누우면, 잠이 드는 데 30분에서 1시간이 걸리고 자다가 2번 정도는 꼭 깬다고 했다. 일어나 화장실도 다녀오고 핸드폰도 보다가 다시 자는 생활의 반복이었다. 그래서인지 다소 마르고 키도 또래보다 5cm가 작았다. "언제부터 그렇게 잤니?" 하고 물으니 "유치원 때부터요"라고 답했다. 숙면이 안 되어 매년 1cm씩 덜 자라도 5년이면 5cm가 작아진다. 실제로 성준이 엄마도 성준이가 유치원 시절에는 작다고 못 느꼈는데 갈수록 키가 뒤처지는 느낌이라 조바심이 난다고 했다. 더 이상 기다릴 수 없어 나를 찾아온 것이었다.

잠은 몇 시간 자느냐보다 얼마나 깊이 푹 자느냐가 중요하다. 성장호르몬은 깊이 잠들었을 때 많이 분비되며, 잠을 자더라도 얕은 잠을 잘 때는 분비량이 두드러지게 줄어든다. 대개 잠자리에 든 지 1시간 후, 보통 밤 11시~새벽 3시경에 평소보다 훨씬 많이 분비된다. 성장호르몬의 25%는 낮에 분비되고 나머지 75%는 밤에 자는 동안 분비되는 것이다. 그런데 성준이처럼 자다가 깨는 일이 반복되면 성장호르몬 분비에 영향을 미쳐 키가 덜 자라게 된다.

도대체 성준이는 왜 깊이 못 자는 것일까?

성준이는 심(心), 담(膽)이 약한 아이였다. 조그만 일에도 신경을 쓰고 긴장이 많아 쉽게 불안함을 느꼈다. 심장과 담이 약한 아이들은 자율신경계의 조절이 쉽지 않다. 선생님이 같은 반 친구를 혼내도 자신이 혼나는 것처럼 신경을 곤두세우고 선생님 눈치를 본다. 뉴스에서 태풍, 지진 등의 사건사고 소식을 접하면 다른 나라 일임에도 두려움과 걱정이 앞서서 안전에 예민해지기도 한다. 별것 아닌 귀신 만화를 본 후에 예상치 못한 트라우마에 시달리기도 한다. 당연히 엄마의 눈치도 많이 본다. 이완신경계보다 긴장신경계가 쉽게 활성화되는 탓이다.

성준이에게는 약한 부분을 보강하는 체질 맞춤 성장탕을 처방해 주었다. 그리고 성준이를 대하는 엄마의 태도에 대해서도 함께 이야기하며 조정해나갔다. 보통 아이가 잠을 잘 자지 못하고 예민하면 엄마나 아빠도 비슷하게 예민한 경우가 많다. 그러면 아이를 대하는 부모님의 반응은 2가지로 나뉜다.

어떤 부모님은 예민하고 겁많은 기질을 문제라 여겨, 억누르면서 무디고 강한 아이로 변화시키려 노력한다. 이런 경우, 아이는 자신의 감정을 부정하면서 타인의 감정도 제대로 받아들이지 못해 살면서 관계에 어려움을 겪게 된다. 또 어떤 부모님은 아이가 힘들까 봐 염려되어 제한 없이 다 받아준다. 이런 경우는 아이가 의존성이 강한 엄살쟁이로 자랄 수 있다.

좋은 방향은 아이의 예민함을 문젯거리로 인식하기보다는 개성으로 여기고 받아들이는 것이다. 그리고 아이의 감정과 생각을 주의 깊게 관찰하고 "그럴 수 있어!"라고 인정해주어야 한다. 이후, 그럼에도 너는 안전할 것임을 미소와 자신감으로 보여주면 된다. 롤프 젤린(Rolf Sellin)의 《예민한 아이의 특별한 잠재력》에는 겁 많고 예민한 아이를 대하는 부모의 태도에 대한 참고할 만한 내용이 많으니 한번 읽어봐도 좋을 듯하다. 내가 운영하는 유튜브에서도 이 책의 내용을 여러 번에 걸쳐 다룰 예정이다.

이후 성준이는 어떻게 달라졌을까? 체질이 개선되면서 잠을 한 번도 안 깨는 날이 많아졌다. 잠을 잘 자면서 짜증과 불안이 줄어 엄마를 힘들게 하는 날이 부쩍 줄어들었다. 그러다 보니 가족 간의 사이도 좋아졌다. 성준이의 키는 1년간 8cm가 자랐고 사춘기에 들어가기 전까지 150cm를 넘기기 위해 함께 노력 중이다.

사람마다 개인차가 있겠으나, 나는 잠을 못 자면 다음 날 엉망이 되는 경우가 많았다. 음식이 맛있는 줄도 모르겠고 의욕도 없고 웃음기도 줄어들었다. 누구나 한 번쯤은 겪어봤을 듯하다. 제대로 못 잔 다음 날, 입속이 까끌까끌하고 미각이 떨어지면서 식욕과 의욕이 함께 사라지는 기분을. 어른도 이러한데 성장기 아이는 오죽하겠는가. 잠은 성장에 아주 지배적인 역할을 하므로 아이가 잠을 설친다면 체질을 꼭 개선해주어 잘 크도록 도와야 한다.

180
170
160
150
140
130
120
100

## 03

# 편식이 심해요,
# 먹는 것만 먹어요

"하도 안 먹어서 굶겨도 보았어요. 그래도 안 먹어요!"

"먹는 거라곤 달걀, 햄, 김, 밥, 국물, 이게 다예요!"

"아프리카 아이들은 먹을 게 없어서 흙으로 쿠키를 만들어 먹는다는데, 너는 왜 챙겨주는 밥이랑 반찬을 안 먹어서 버리니?"

"반찬을 그렇게 남겨버리면, 피땀 흘려 농사지은 농부 아저씨한테 미안하지도 않니?"

아이가 밥을 잘 안 먹거나 음식을 너무 가려 먹으니 그 모습을 대하는 엄마들이 속상해서 자주 하게 되는 말들이다. 도대체 요즘 아이들은 편식이 얼마나 심한 걸까? 국민 건강보험공단이 영유아 건강검진의 빅데이터를 분석한 결과, 우리나라 5~6세 어린이의 절반 가까이가 편식하는 것으로 나타났다. 교육부의 식단 설문 조사 결과, 일주일에 1회 이상 패스트푸드, 라면을 먹는 비율이 초, 중, 고생으로 올라갈수록 점점 증가했다. 반면 채소를 먹는 비율은 학년이 올라갈수록 낮아졌다. 그 결과 전국 초, 중, 고생 10명 중 3명이 '과 체중, 비만'을 겪고 있으며 그 비율이 도시보다 농촌이 더 높게 나타 났다.

얼마 전, 초등학교 6학년인 영우와 영우 엄마가 나를 찾아왔다. 영우의 키는 165cm였다. 아빠 키는 179cm이고 엄마 키는 166cm였다. 그래서 영우의 유전 키는 179cm로 나왔다. 영우 엄마는 밝게 웃으면서 영우가 6학년 또래 중에서 꽤 큰 편이나, 최근 변성기가 온 듯하다고 말했다. 혹시나 하는 마음에 잘 크고 있는지만 확인하고 싶어 내원했다고 말했다. 아무래도 유전 키가 크다 보니 큰 걱정은 없어 보였다. 반면, 나는 변성기라는 말에 '아! 그럼 키 클 시간이 별로 없을 텐데…' 하는 걱정이 앞섰다.

아니나 다를까 검사 결과를 확인하니 영우의 뼈나이는 2년 6개월이 빨라 최종 키가 172cm 정도로 예상되었다. 예상외의 결과에 영우 엄마는 당황하다 못해 화가 나신 듯 보였다. 믿을 수 없다는 반응이었다. 그래서 나는 타 병원에서 한 번 더 검사해보시길 권유해드렸다. 이후 타 병원에서도 비슷한 결과를 얻으시곤 내 말을 신뢰하시게 되었다. 왜 이런 일이 생긴 걸까?

영우는 식사량도 적은 편이고 고기와 우유는 잘 먹는 데 반해 채소를 거의 안 먹다시피 했다. 볶음밥, 김밥은 어쩔 수 없이 먹으나 그다지 즐기진 않았다. 그러다 보니 키는 165cm인데 체중은 46kg으로 표준체중보다 12kg이 모자랐다. 영양적인 문제가 키 성장의 발목을 잡아 유전 키를 훨씬 밑도는 결과를 가져온 것이었다.

또 다른 사례로 예린이의 경우를 살펴보자. 예린이는 3년 전에 부모님의 키가 충분히 큼에도 불구하고 또래보다 9cm가 작았다. 예린이의 엄마는 유머감각이 넘치는 밝은 분이었다. 나와 상담하는 도중, 그녀는 유쾌하게 웃으면서 "당연히 안 먹으니 안 크지!" 하며 예린이의 등을 손바닥으로 툭 쳤다. 예린이 엄마는 뭘 해도 안 되니 한약으로라도 키우고 싶어 아이를 데려온 거라 말했다. 예린이가 먹는 음식은 달걀, 김, 밥, 햄 이렇게 4가지가 다였다. 그것 외에는 거의 안 먹는다고 했다. "키도 작은데 살도 없어요. 어디 데리고 나가면, 사람들이 자꾸 잘 먹이라고 하는데, 먹어야 말이죠. 뭘 해놓으면 내가 다 먹으니…." 맞다. 동네 어른들은 마른 아이를 길에서 만나면 꼭 밥 좀 잘 먹으라고 한마디하신다. 그럼 옆에 있는 엄마는 괜스레 죄책감이 느껴져 곤혹스럽다.

상담 이후 나는 예린이에게 비위를 보강하고 체력을 올려주는 체질 맞춤 성장탕을 처방해주었다. 그렇게 예린이는 나와 함께 3년 6개월간 성장클리닉을 진행했다. 그 사이 130cm이던 4학년 예린이는 중학교 1학년이 되었고, 키는 160cm로 자랐다. 지금도 계속 자라는 중이다. 처음 예상키는 152cm였으나 지금은 165cm를 목표로 하고 있다.

그럼, 그동안 예린이의 편식은 많이 나아졌을까?

결과적으로, 그다지 나아지지 않았다. 아쉽게도 식사량은 늘었으나 가리는 음식은 여전했다. 예린이는 나와 매번 상담할 때마다 골고루 먹겠다며 새끼손가락 걸고 약속하고 갔다. 그러나 그 약속은 작심삼일로 끝났다. 오죽하면 예린이 엄마가 3일마다 상담하러 와야겠다고 할 정도였다. 상담의 효과는 희미하게나마 3일은 간 모양이었다. 다행히 밥양은 다소 늘었고 3일씩이라도 이어진 희미한 노력이 결실을 보았다. 이제 예린이의 예상키는 165cm가 되었다. 골고루 먹었다면 더 좋았겠지만, 아이의 호불호는 강한 데 반해 엄마의 잔소리와 나의 설득은 그에 미치지 못했다.

편식하는 습관을 바로 잡기에 좋은 시기는 7세 이전이다. 이유식을 시작하는 5~6개월부터 식재료에 대한 관심이 커지므로 그 시기부터 각별히 신경을 써야 한다. 아이가 자라서 고학년이 된 이후에는 스스로의 의지가 있어야 편식을 고칠 수 있다.

앞선 사례에서 보듯이 키를 잘 자라게 하기 위해 고른 영양 섭취는 참으로 중요하다. 영양의 부족과 불균형이 키 큰 유전자까지도 이겨내어 최종 키를 깎아 먹을 수 있다. 그런데 요즘 세상에 먹을 게 없어서 못 먹는 것도 아니고, 아이가 안 먹겠다는데 어떻게 해야 한

단 말인가?

영유아기 구강 내 감각은 성인보다 3배 이상 민감하다. 어린아이의 낯선 음식에 대한 거부는 생존을 위해서 자연스레 발달한 감각이다. 아이들이 물컹한 질감의 음식을 공통으로 싫어하는 이유 또한 생존이라는 측면에서 보면 이해하기 쉽다. 감각적으로 물컹한 식감은 상한 음식의 질감이기 때문이다. 그래서 아이들은 대체로 물컹한 해산물을 싫어한다. 쓴맛 나는 채소와 물컹한 음식에 대한 거부 반응은 생존을 위해 나를 보호하려는 감각이다. 그러나 지금처럼 안전한 식재료가 보장된 문명사회에서는 도리어 해가 될 수 있다. 영양의 획득 면에서 생존에 불리하게 작용하기 때문이다.

그럼 어린아이들은 낯선 음식을 처음 대할 때 '이 음식은 먹어도 된다, 맛있다, 괜찮다'라는 판단을 어떻게 하는 걸까? 대체로 달달한 음식에 대한 거부는 적다. 또한 자주 만지고 보아 익숙한 음식이나 식재료를 괜찮다고 여길 가능성이 크다. 그리고 그 음식을 먹는 부모의 표정과 말투에서도 괜찮은지 아닌지를 판단할 것이다. 아이들은 관찰과 모방의 천재가 아니던가.

푸드 네오포비아라는 말을 들어보았을 것이다. 음식(food)+새로움(neo)+공포증(phobia)이 합쳐진 말로, 낯선 음식에 대한 두려움을 느껴서 편식하는 것을 말한다. 푸드 네오포비아는 보통 이유식을 시작하는 생후 6개월부터 시작해 5세 무렵 가장 심해지는데, 이 시기에 다양한 채소를 먹지 못하면 어른이 되어서도 편식을 할 수 있다. 이유식을 할 무렵 엄마, 아빠가 바빠서 아이가 다양한 식재료를 접하지 못했다면, 이것이 편식의 씨앗이 되는 것이다.

나는 3만 건 이상의 상담을 하면서 다양한 부모님과 대화를 나누었는데, 대화 도중에 아이가 편식하는 원인을 알 수 있는 경우가 많았다. "엄마인 내가 바빠서 이유식을 신경 못 썼고, 아이가 잘 안 먹어서 분유를 오래 먹였죠", "소아과에서 소고기 먹이라는 말을 듣고, 생후 5개월부터 소고기 넣은 이유식을 먹인 것이 채소를 안 먹게 된 이유일까요?", "내가 식탐이 없어요. 근데 아이도 나 닮아 입맛이 없어요. 먹고 싶다는 게 없어요" 등등. 이유식 시기에 너무 일찍 고기의 고소한 기름 맛에 아이가 익숙해지면 채소에 대한 거부 반응이 커진다. 그리고 아이가 외동이라서 혼자 밥을 먹게 하고, 엄마가 그 모습을 지켜보기만 한다면 아이는 식욕이 떨어질 가능성이 크다.

나는 세 아이를 키울 때 소고기가 들어간 이유식을 돌이 지나고 나서야 먹였다. 그전에는 주로 다양한 채소로 만든 이유식을 먹였다. 철분은 콩, 녹황색 채소, 당근, 해조류로 보충이 되었다. 그래서인지 내 아이들은 편식하는 습관이 거의 없다. 게다가 아이가 셋이라 경쟁이 되니, 한 아이가 "안 먹을래!" 하면 다른 아이가 "그럼, 내가 먹을게" 한다. 그럼 안 먹겠다던 아이도 되려 욕심이 나서 다시 먹겠다고 한다.

그럼 외동은 어떻게 할까? 엄마나 아빠가 같은 식탁에서 맛있게 먹으면 입맛이 더 좋아질 것이다. "너, 그건 다 먹어!" 하고 지켜보기보다는 함께 쩝쩝 호로록 즐겁게 먹으면서 식욕을 돋우는 건 어떨까?

그리고 아이가 과자, 음료수, 라면 등의 강한 맛의 간식을 자주 먹으면 밥맛이 떨어진다. 그것이 편식으로 이어져 채소를 안 먹게 되니 각별히 주의해야 한다. 내가 진단하기에는 아이가 비위가 좋고 소화력이 왕성한데, 엄마는 아이가 밥맛이 없어서 고민이라는 경우를 종종 보았다. 그런 경우는 식욕이 없는 게 아니었다. 라면, 음료수, 과자 같은 간식으로 배를 불리니 밥을 안 먹는 것이었다. 그래서 간식을 줄이면 밥맛이 좀 나아졌다.

반면, 좋아하는 간식임에도 아주 적게 먹고 마는 아이도 있다. 이런 아이는 체질적으로 비위가 약하기 때문에 비위를 보강하는 치료를 해주면 밥양도 천천히 늘고, 키도 치료 전보다 확실히 더 자란다.

굶겨도 안 먹고, 화내도 안 먹고, 장시간 음식을 입에 물고 있으면서 엄마의 정신을 피폐하게 만드는 아이들이 있다. 이 아이들이 잘 자라게 하기 위해 우리는 무엇을 해야 할까? 정말 비위가 약한 아이라면 체질을 개선해주는 한방 치료를 권한다. 만약 아이가 간식은 잘 먹는 데 반해 밥은 적게 먹는다면 집에서 과자, 음료수, 빵을 없애야 할 것이다. 사람은 아이, 어른 할 것 없이 환경의 지배를 받는다. 맹모삼천지교(孟母三遷之敎)라고 했다. 맹자 엄마는 교육을 위해 3번씩이나 이사를 했다는데, 우리는 아이의 건강과 성장을 위해 그깟 과자, 음료수 버리는 것쯤이야 못 할 일이겠는가.

"아빠가 과자, 아이스크림을 좋아해서 집에 많아요" 하는 경우도 꽤 많았다. 맹모 이야기를 하면서 협조를 강하게 구해야 할 것이다.

어린아이라면 단계별로 편식을 교정하는 방법을 뒤에 자세히 풀어 쓸 예정이다. 큰아이라면 함께 영양에 대한 지식을 공유하고 더불어 노력해야 할 것이다. 세상에 키가 크고 싶지 않은 아이는 없으니 말이다.

# 04

# 먹는 것에 비해 배변이 잦아요, 영양이 다 빠져나가나 봐요

초등학교 6학년 지훈이는 키가 144cm이고 체중은 40kg이었다. 또래보다 7cm 이상 키가 작은 데다 신경을 쓰면 배에 가스가 차면서 아프고 대변을 보는 일도 잦았다. 그런 증상이 나타나면 아무것도 신경 쓰지 못해 조퇴하는 일상이 반복되었다.

왜 이런 일이 생기는 걸까? 엄마와 상담을 하면서 지훈이가 이런 증상을 앓게 된 원인을 알 수 있었다. 지훈이 부모님은 맞벌이라서 집을 비우는 시간이 많았다. 그래서 아이가 무엇이든 먹길 바라는 마음에 과자, 음료수를 집에 가득 채워둔다고 했다. 지훈이가 면음식을 잘 먹어서 우동, 라면, 국수를 자주 먹인다고도 했다.

나는 지훈이 부모님께 당분 섭취가 많으면 성장호르몬 분비를 억제시킨다고 설명해드렸다. 당분이라 하면 단 음료나 설탕만 떠올릴 수 있다. 그러나 밀가루로 만든 음식 또한 아주 빠른 속도로 포도당으로 변해 혈당을 끌어 올리고, 이로 인해 성장호르몬 분비를 저하시킨다.

밀가루의 단백질 중 80%가 글루텐 단백질이다. 글루텐 단백질은 장벽의 투과율을 올리고 가스 생성을 촉진시켜 더부룩함을 일으킨다. 또한 소장에서 각종 미네랄, 비타민 같은 영양소의 흡수에 문제를 일으킬 수 있다.

"뭐라도 먹으라고 채워둔 간식이 키 성장에 방해될 줄은 몰랐어요"라며 지훈이 부모님은 크게 후회했다.

미국 서부 캘리포니아주에 세쿼이아 국립공원이 있다. 이곳에 가면 세계에서 가장 큰 나무를 볼 수 있다. 제너럴 셔먼 트리(General Sherman Tree)라는 이 나무는 2,200년을 살았고, 둘레가 31m이며 무게가 약 1,300t이다. 옆에 성인 남성을 세우면 마치 큰 고층 건물 옆에 서 있는 듯 작아 보인다.

이 엄청난 나무가 그 오랜 세월 동안 장대한 크기로 자랄 수 있었던 비결은 무엇일까? 바로 두꺼운 나무껍질과 그 안의 화학물질로 병충해를 견딜 수 있었기 때문이었다. 또한 뿌리가 넓게 퍼져 있어서 가뭄에도 물을 빨아들일 수 있어서 변덕스러운 날씨를 이겨낼 수 있었다.

사람의 인체도 나무와 같다. 나무에게 뿌리가 있다면 사람에게는 장이 있다. 입과 위에서 녹여낸 음식물을 장에서 흡수하고 찌꺼기는 배출시킨다. 제너럴 셔먼 트리가 오랫동안 장대하게 자랄 수 있었던 이유를 사람의 몸에 비유해서 생각해보자. 결국 나무의 뿌리와 같은 장의 흡수능력과 병충해를 이겨낸 면역력 덕분이다.

유독 밥 먹다가 화장실 가는 아이들이 있다. 음식을 조금 넉넉히 먹었다 싶은 날은 빠지지 않고 화장실을 한두 번 더 간다. 그런 모습을 보는 부모는 아이가 먹은 게 다 똥으로 빠져나가는 게 아닌가 걱정이 앞선다. 정말 똥으로 다 빠져나가는 걸까?

꼭 그런 것은 아니다. 대장의 길이는 사람마다 개인차가 있다. 대장은 성인 기준으로 길이가 약 1.5m이고 너비가 약 4~6cm다. 개인마다 이보다 짧은 경우도 있고 긴 경우도 있다. 대장이 짧은 경우는 배변의 횟수가 하루 1번 이상으로 많을 수 있다. 반면 대장이 긴 경우는 변비가 생기기 쉽다. 그래서 대변의 횟수보다는 대변의 형태와 냄새 등을 살펴볼 필요가 있다.

2012년에 개봉해서 1,000만 관객을 끌어모은 영화 〈광해〉를 다들 기억할 것이다. 영화 장면 중에 의관들이 왕의 똥을 만지고 냄새를 맡고 맛보며 일일이 검사하는 장면이 나온다. 그 장면에서 광해 역을 맡은 이병헌 배우도 경악했고, 그 표정을 보고 나도 경악하며 웃었던 기억이 난다. 이렇듯 왕의 주치의는 대변을 매일 맛보는 직업이라 해서 '상분직(嘗糞職)'이라고도 불렸다. 이와 비슷하게 부모인 우리도 주치의가 되어 아이의 대변 상태를 확인할 수 있다. 매일 공짜로 할 수 있는 우리 아이 건강검진인 셈이다.

장 상태는 대변 냄새가 아주 중요하다. 방귀 냄새, 변 냄새가 지독할 경우, 장내 부패를 의심할 수 있다. 반대로, 냄새가 아기의 대변 냄새처럼 부드러우면 장내 환경이 좋은 것이다.

다음으론, 대변의 모양이다. 대변의 가장 이상적인 형태는 바나나변이다. 길고 굵은 변이면 장내 환경이 좋다는 증거다. 색깔은 연한 갈색이 좋다. 배변 시간은 5분 이내가 좋다. 5분 이상 배변 시간이 걸리는 경우는 장운동에 문제가 있는 것이다.

식습관을 살펴보면, 물을 적게 마시고 채소 등의 섬유질 많은 음식을 안 먹을 가능성이 크다. 그로 인해 장운동이 원활하지 않은 것이다. 대변이 물에 뜨면 더더욱 좋다. 이를 부변(浮便)이라 하는데, 식이섬유를 많이 먹어서 저밀도 콜레스테롤이 대변에 붙어서 생기는 현상이다.

우리 아이들이 잘 자라려면 영양분을 잘 흡수해야 한다. 영양분의 흡수는 장에서 집중적으로 이루어진다. 장내 환경을 망가뜨리는 대표적인 성분으로 화장품, 샴푸, 치약, 비누, 세제 등에 들어 있는 환경 독소와 밀가루, 항생제를 꼽는다. 합성화학물질은 장내 유익균을 공격하고 다양한 질환의 원인이 된다. 밀가루의 주요성분인 글루텐은 장내 밸런스를 무너뜨린다.

불용성 식이섬유가 장내 유익균의 먹이라면 불용성 단백질인 글루텐은 장내 유해균의 먹이가 된다. 앞선 사례에 나온 과자와 면음식을 좋아했던 지훈이의 경우도 밀가루 음식이 일차적으로 장내 환경을 망가뜨렸다. 그로 인해 이차적으로 영양 흡수가 원활하지 않아 키가 덜 자란 것이다.

그리고 감기, 비염 등의 호흡기질환 때문에 아이들이 자주 먹는 항생제도 장내 환경을 망친다. 나는 항생제를 '폭탄'에 자주 비유한다. '폭탄'이 터지면 아군, 적군 다 죽지 않는가. 항생제는 세균성 질병의 원인인 박테리아를 죽이는 기능을 한다. 그 과정에서 장내 유익균까지 몰살시킨다. 항생제는 생물인 세균은 죽일 수 있다. 그러나 생물과 무생물의 중간 단계인 바이러스는 죽일 수 없다. 바이러스성 감기에는 복용에 주의가 필요하다.

초등학생일 때 성장클리닉을 통해 어느덧 165cm로 성장한 정민이가 올해 갑자기 나를 찾아왔다. 정민이는 중학교 3학년으로 키가 이미 만족스럽게 자란 상황이라 더 크고 싶어 나를 찾아온 건 아니었다. 나를 찾은 이유는 신경성 복통과 과민성대장증후군 때문이었다. 배에 가스가 차고 꾸르륵거리는 소리가 심해서 조용한 교실에 앉아 있기가 힘들다고 했다. 시험 기간이 되면 복통이 잦아 공부하기도 힘들고 화장실을 다녀와도 개운하지 않다고 했다.

왜 갑자기 이런 증상이 생긴 걸까? 원인은 스트레스였다. 스트레스로 장이 예민해지면 부패균이 늘어나고, 소량의 유해 성분이라도 강제로 내보내기 위해 장의 연동운동이 강해진다. 이를 해결하기 위해 '위령탕(胃苓湯)'이라는 한약 처방을 해주었다. 정민이는 한 달 만에 좋아졌다.

6살 용준이는 설사를 자주 하는 아이였다. 무르고 시큼한 냄새가 나는 대변을 하루 3~4번씩 보았다. 찌르는 듯한 복통이 잦고 멀미도 심했다. 용준이는 겁이 많아 잘 울고 긴장하는 성격이었다. 장은 제2의 뇌라고 한다. 기분을 조절하는 호르몬을 만들어내기 때문이다. 흔히 행복 호르몬이라 부르는 세로토닌은 장내 세포에서 만들어지는데, 뇌로 이동해 작용한다.

반대로 뇌가 스트레스를 받아 긴장해도 장 환경이 나빠진다. 용준이는 스트레스를 잘 받는 아이인데, 엎친 데 덮친 격으로 밥까지 싫어했다. 그러다 보니 용준이 엄마는 밥 대신 우유나 빵을 자주 먹였다. 우유 속의 카제인 단백질은 밀가루 속 글루텐 단백질과 함께 소화불량을 일으키는 대표적인 성분이다. 용준이의 장이 탈 날 만하지 않은가.

'장누수증후군'이라는 말을 한 번쯤 들어보았을 것이다. 음식물의 소화가 불완전하게 되면 장내 부패가 일어나 부패균이 장벽을 공격

한다. 장벽을 싸고 있는 주요성분은 지질이다. 이 장벽이 손상되면 독소가 핏속으로 흘러들어와 세포를 병들게 한다. 이것이 '장누수증후군'이 생기는 과정이다.

나는 용준이의 식단에서 우유와 밀가루를 끊게 했다. 양이 적더라도 밥과 된장국, 해조류, 익힌 채소 반찬, 두부 등을 먹도록 했다. 더불어 장 운동성을 돕고 장내 부패 가스를 배출시키는 한약을 처방했다.

2개월 후, 용준이는 눈에 띄게 잘 자고 복통도 사라졌다. 2개월 만에 키는 1.5cm가 자라고 체중은 1.8kg이 늘었다. 용준이는 1년에 체중 1kg이 늘기도 힘들다던 아이였다. 그런 용준이가 2개월 만에 1.8kg이 늘자, 엄마는 "용준이가 그동안 아프고 키도 안 큰 이유를 지금이라도 알아서 다행이에요"라고 말했다.

사람의 장은 식물의 뿌리에 해당하고 장내 미생물은 땅속 토양의 상태와 비슷하다. 농사지을 때 땅에 화학비료를 쓰면 일시적으로 열매를 더 거둘 수 있다. 그러나 장기적으론 농작물이 병충해에 약해지고 영양적으로 부실해진다. 우리의 아이들도 마찬가지다.

평소에 튀긴 음식이나 각종 조미료 범벅인 소스가 가득한 라면, 햄버거를 좀 멀리하고 음료수, 과자를 제한해야 한다. 이런 음식은 장내 부패균이 세력 확장을 하도록 돕는 무기가 된다. 그리고 부패가스를 대량 만들어내어 성장호르몬 수용체가 가장 많이 분포한 간을 공격한다. 더불어 장 누수를 일으켜 영양 흡수를 방해하기도 한다.

　아이가 건강하고 잘 자라기 위해서는 장내 유익균을 살려 장 환경을 개선시켜주는 것이 중요하다. 장내 유익균을 살리는 것은 어렵지 않다. 먹이를 충분히 공급해주면 된다. 된장, 청국장, 김치 같은 발효 식품과 신선한 채소, 발아현미, 과일을 먹이는 것이다. 장내 유익균을 잘 먹이면 장에 좋은 효소가 많이 만들어지고 노폐물 배출이 원활해지면서 면역력이 올라간다.

180
170
160
150
140
130
120
100

05

# 감기를 달고 살고
# 잔병치레를 많이 해요

나는 아이 셋을 키우는 직장맘이다. 아이들이 어릴 때는 아이들이 감기에 걸릴까 봐 노심초사한 적이 많다. 아이를 키워본 부모라면 공감할 것이다. 어린아이가 아프면 아이도 고생이지만, 어른도 잠은 다 잔 것이나 다름없다. 아이가 여럿이니 도미노 무너지듯 차례로 감기가 번졌다. 한 아이가 나을 무렵, 다른 아이가 감기에 걸리는 일이 반복되었다. 그렇게 여러 날 잠을 설치고 나면, 나는 여지없이 정신 차리기가 힘들어 괴로웠다.

첫째 아이가 열이 나면 마스크를 씌우고 동생들 근처에 못 가게 하지만 뜻대로 될 리가 만무하다. 결국 시차를 두고 돌아가면서 감기에 걸렸다. 3~4주간 아이들이 돌아가면서 밤낮으로 찡얼대면 나는 제대로 쉬지를 못하니 극도로 예민해졌다. 그래서 아이 셋 중 한 아이라도 감기 증상을 보이면 집안 방역에 온 힘을 기울였다. 그래서 감기 치료를 위해 아이를 데려온 엄마를 보면, 나는 유난히 안쓰러운 마음이 앞선다. 그때의 고단했던 내가 생각나기 때문이리라.

1년 전에 초등학교 4학년인 정준이, 초등학교 1학년인 정한이, 6살 딸인 정주, 이렇게 세 남매를 데리고 엄마가 나를 찾아왔다. 잦은 감기를 예방하고자 한방 치료를 받기를 원해서였다.

그런데 이 세 남매는 특이할 정도로 감기가 잦았다. 특히, 초등학교 4학년이 된 정준이의 증상이 너무 심했다. 감기에 걸리기만 하면 항생제를 먹지 않으면 낫지를 않고 그마저도 효과가 없어져 걱정이라고 했다. 아이가 초등 고학년으로 넘어가면 감기에 걸리더라도 대체로 고열로 이어지진 않는다. 그런데 정준이는 감기에 걸렸다 하면 고열이 나기 일쑤라니 면역체계에 문제가 심하게 있는 것으로 여겨졌다.

감기에 걸리면 왜 열이 나는 걸까? 우리 몸이 온도에 민감한 박테리아와 바이러스를 죽이기 위해 체온을 올리기 때문이다. '발열'은 우리가 수백 만년을 살아오면서 만들어낸 자연 방어 시스템이다. 박테리아를 열로 태워죽이는 시스템이 우리를 장구한 세월 동안 살아남게 해주었다. 열이 나면 세균에 대항하는 항체와 인터페론의 항바이러스 활동이 증가한다. 백혈구의 활동성은 더 올라간다.

이렇듯 아군의 기세는 올리고, 적군은 기진맥진하게 만드는 시스템이 '발열'이다. 감탄이 절로 나오는 방어 시스템이 아닌가. 당연히 짧은 며칠 간의 세균전쟁의 결과는 승리로 끝나고 열은 저절로 가라 앉는다. 그리고 전쟁의 전리품으로, 우리 몸은 향상된 면역력을 획득한다.

그런데 현대 사회를 사는 우리는 '발열' 시스템을 어떻게 대하는가?

열이 38℃만 넘어가면 해열제를 먹인다. 소아과에서는 아이가 열이 나면 4시간 정도의 간격으로 해열제를 먹이라고 안내한다. 이는 우리 몸이 살기 위해 하는 노력에 도움을 주지는 못할망정 찬물을 끼얹는 셈이 된다. 아이가 열이 나면 엄마들은 긴장한다. 고열로 이어져 뇌가 손상될까 봐 두렵기 때문이다. 우리 몸의 정상 체온 범위는 보통 36~37.5℃다. 바이러스 감염에 의한 발열은 보통 38.4℃에서 40℃ 사이를 오간다. 41.5℃가 넘어가면 뇌에 영향을 끼치지만, 대부분의 경우, 41℃를 넘지 않는다.

나는 아이 셋을 키우면서 해열제를 먹인 적이 몇 번 되지 않는다. 첫째 아이와 둘째 아이는 열이 40℃ 가까이 올라도 잠을 잤다. 다소 찡얼대면서 잠을 깨도 이마에 물수건을 갈아주면서 옆에 있어주면 그럭저럭 견뎌냈다. 내가 해열제를 거의 안 먹이고 버틴 이유는 해열제로 열을 내리면 곧 다시 열이 오르고 열이 지속되는 시간이 길어지기 때문이었다. 그리고 열이 나는 동안 면역력이 한 단계 상승되는 것을 알기 때문이었다.

그런데 셋째 아이는 조금 달랐다. 열이 38.4℃를 넘으면 두통을 호소했다. 그래서 해열제를 몇 번 더 먹였다. 두통으로 아이가 힘들어해서 어쩔 수 없었다.

아이가 열이 나면 옆에서 상태를 살피면서 주기적으로 관찰해야 한다. 미온수에 적신 수건으로 닦아주면서 열이 내리도록 기다려야 한다. 아이가 너무 힘들어하면 해열제를 최소한으로 먹이기를 권한다.

감기는 우리 아이들의 면역력을 단련시켜준다. 바이러스, 각종 세균과의 싸움을 통해 전술을 익힌 면역계는 성장한다. 그런데 쉽게 해열제로 어깃장을 놓으면 면역력은 신통치 않게 단련될 수밖에 없다. 그러면 아이가 어느 정도 컸음에도 면역력이 약해 쉽게 감기에 걸린다.

그럼 감기에 걸린 아이에게 항생제를 먹이는 것은 어떤 영향이 있을까? 대부분의 감기는 일주일 정도 잘 쉬면 자연 치유된다. 감기는 바이러스가 원인이다. 항생제는 박테리아에 작용하지만 감기나 독감에는 작용하지 않는다. 항생제는 항바이러스제가 아니기 때문이다. 항생제는 오히려 아이들의 면역력을 크게 약화시킨다. 요즘에 아토피, 천식, 알레르기 등 면역계통 질환이 증가하는 원인 중 하나가 항생제 오남용 때문이다.

항생제는 우리 면역의 70% 이상을 담당하는 장내 유익균을 전멸

시킨다. 그뿐만이 아니다. 항생제가 위장장애를 일으켜 영양소의 소화 흡수를 방해하면 영양 결핍이 발생할 수도 있다. 잦은 항생제 복용은 영양 결핍과 장내 세균의 몰살로 이어져 잔병치레의 악순환에 빠지는 원인이 된다.

해열제, 항생제 남용, 그로 인한 자동 면역시스템의 약화. 정준이가 4학년이 되도록 잔병치레와 고열에 시달리는 이유가 바로 이것이었다. 정준이네 가족은 조금만 아프면 소아과에 달려가 해열, 소염진통제, 항히스타민제, 항생제 같은 약을 타 왔다. 그리고 너무나 성실히 복용했다.

나와 만난 이후, 이 세 남매는 한약 치료와 식습관 개선, 양약의 최소화로 점차 잔병치레가 줄었고 덩달아 키도 더 잘 자라게 되었다. 정준이는 감기가 잦을 때는 1년에 4cm 정도 자랐다. 그런데 잔병치레가 줄면서 6개월에 3.5cm가 자랐다.

우리는 환절기가 되면 "감기 조심하세요"라는 인사말을 많이 나눈다. 오히려 한겨울에 감기가 적고 계절이 바뀌는 가을에 감기가 유독 심하다. 감기 바이러스가 특별히 환절기를 좋아하는 걸까? 날씨가 추웠다 더웠다 일교차가 클 때 걸리는 감기는 바이러스에 의한 것이 아닌 경우가 많다. 날씨와 환경변화에 적응하기 위해 노력하는 과정에서 생기는 몸살이다.

변화하는 기온과 환경 속에서 우리 몸이 36.5℃ 근처를 항상 유지하는 것은 보통 일이 아니다. 외부 온도가 떨어지면, 뇌의 체온중추가 체온을 끌어 올려야 한다. 때로는 그 노력이 지나쳐서 발열이 나타난다. 발열 외에도 우리가 흔히 감기라고 생각하는 증상인 열, 콧물, 근육통뿐만 아니라 설사, 무력감 등을 동반하기도 한다. 바이러스성 감기가 아니라 유사감기 즉, 몸살이다.

미국 질병통제센터의 연구 결과에 따르면, 감기 증상을 보이는 사람 중에 바이러스에 의한 경우는 13%에 불과한 것으로 나타났다. 갑작스럽게 무리하게 일을 하거나 스트레스를 받고, 쉬지 못하는 경우, 이 같은 몸살이 나타난다. 가장 좋은 예방법은 잘 자는 것이고, 천연음식을 골고루 잘 챙겨 먹는 것이다. 이런 증상이 나타나면 쉬어가라는 몸의 신호로 받아들이면 된다.

아이가 키가 자라고 한창 성장할 때도 이런 유사감기인 몸살 증상이 나타나기도 한다. 옛말에 '아이들은 아프면 큰다'라는 말이 있다. 키 성장에 에너지 소모가 많아 이런 몸살 증상이 나타나는 것이다. 나도 아이를 키우면서 이런 경우가 많았다. 이유 없이 미열이 나고 무기력하게 처져 있다가, 하루 이틀이면 언제 그랬냐는 듯이 나아졌다.

감기 안 걸리는 아이는 없다. 통계적으로 어른은 1년에 2~3회, 소아의 경우는 1년에 6회 정도 감기 증상을 겪는다. 아이가 어른에 비해 감기가 잦은 이유는 '아이의 면역력이 연습 중'이기 때문이다. 아이는 감기를 통해 면역력이 튼튼해지고 강해진다. 아이가 커가면서 잔병치레가 줄지 않는다면 돌아보아야 한다. 어려서부터 조금만 아파도 병원에 쉽게 가서 양약을 처방받아 너무 오래 먹인 것은 아닌지를.

나는 아이 셋을 키우면서 항생제, 해열진통제를 길게 먹인 적이 없다. 둘째 아이가 과한 기침을 3일 정도 지속해 이비인후과에 간 적이 있었다. 세균성이라 해서 항생제를 이틀간 먹였다. 좀 나아진 이후에는 항생제를 바로 중단하고 자감초탕(炙甘草湯)으로 다스려 넘겼다.

환절기만 되면, 감기 한약을 3가지 정도 증상별로 타 가는 엄마들이 있다. 상비약으로 두고 아이가 감기 증상이 나타나면 양약 대신 먹이기 위해서다. 이런 감기 한약은 보험적용이 되어 하루분이 1,000원 내외다. "감기 한약으로 증상을 완화시키며 며칠 버티면 알아서 나으니 편해요"라며 매년 처방받아 가시는 엄마들이 많다. 그것도 현명한 방법인 듯하다. 자연 면역력을 도우면서 아이가 참아야 할 감기 고생을 덜어주니 말이다.

아이의 면역을 위해서는 매일 9시간 정도 자면서 채소를 거부하지 않고 먹도록 잘 관리해야 한다. 식습관은 어려서부터 잘 길들여야 한다. 식습관 관련 내용은 내가 운영하는 유튜브 채널에도 있다. 찾아보면 도움이 될 것이다. 부모님은 아이의 성장 과정에서 면역력이 자연스레 강해지도록 도와야 한다. 그러면 아이는 커가면서 감기는 덜하면서 체력은 좋아지고 키도 덩달아 잘 자라게 된다. 절대 소홀히 해선 안 될 부분이 바로 면역력이다.

180
170
160
150
140
130
120
100

## 06

# 키는 안 크고
# 살만 쪄요

나는 몇년 전에 효소단식을 한 적이 있었다. 10일 동안 일반 식사를 하지 않았다. 하루 세끼를 각종 채소, 해조류, 한약재를 발효한 과립 형태의 효소제만 먹었다. 김세현 작가의 《5%는 의사가 고치고 95%는 내 몸이 고친다》에 자세히 소개된 '인체 정화프로그램' 중 완전 해독식을 실행해본 것이었다. 나는 수시로 간헐적 단식이나 다이어트 한약을 먹으면서 식사량을 줄이는 방법으로 체중 조절을 해왔다. 일반 식사를 완전히 끊어본 적은 그때가 처음이었다. 특별한 맛이랄 것도 없는 과립효소제를 끼니마다 3~4봉지씩 입에 털어 넣고 효소차를 마셨다. 그 과정에서 일상에서 먹고 있는 식사와 간식이 우리 몸에 어떤 영향을 끼치고 있는지 확실히 체감할 수 있었다.

효소 단식 초반에는 체중이 하루에 1kg씩 빠졌다. 나는 잠이 많은 편이다. 그런데 신기하게도 새벽 5시만 되면 눈이 자동으로 떠졌다.

피로감도 별로 없었다. 몸이 가벼워 움직임이 빨라졌다. 머리도 맑았고, 생각 또한 명확해지는 느낌이었다.

반면, 당분 섭취가 없으니 감정의 기복이 확연히 줄고 먹는 즐거움이 사라졌다. 좋고 싫은 감정의 롤러코스터는 사라지고 그저 평탄한 기분이 계속되었다. 효소 단식 3일이 지나면서부터 일을 마치고 귀가하면 견디기 힘든 식욕이 나를 찾아왔다. 그러다 너무 먹고 싶어서 그만 밥솥을 열어둔 채로 밥 몇 숟가락을 떠서 깍두기를 얹어 우걱우걱 먹고 말았다. 세 숟가락쯤 먹고 정신이 돌아온 후에야 밥솥을 닫았다. 이후 심한 자책감이 몰려와 자신에게 화가 났다. 하지만 이미 깍두기와 쌀밥은 내 배 속에 들어가 버렸으니 되돌릴 수 없는 노릇이었다.

내가 이 효소단식을 한 이유는 당뇨, 고혈압, 각종 대사성 비만 환자에게 '인체 정화프로그램'을 적용하기 전에 직접 체험해보기 위해서였다. 본능적 식탐을 잘 제어하면서 완만하게 적용하면 효과는 확실한 요법이었다. 이후 일반식으로 다시 돌아가면서 나는 느끼게 되었다. 귤이 얼마나 단맛이 강한지를, 채소의 아삭함 속에 담담한 단맛이 꽤 강력함을. 그리고 사람이 살아가는 데 그렇게 많은 당분을 먹지 않아도 됨을 느꼈다. 우리가 먹는 것을 소화시키는 데 얼마나 많은 에너지 소모를 하고, 그로 인해 피로를 느끼는지도 제대로 알 수 있었다.

먹고자 하는 욕구인 식탐, 이것은 본능이다. 최초의 인류가 지구 상에 나타난 것은 지금부터 300~500만 년 전으로 알려져 있다. 이후 현재 인류와 가장 유사한 호모사피엔스의 출현은 20만 년 전이다. 풍요로운 사회로 발달하기 전까지 수백 만년 간, 인류의 생명을 위협한 가장 큰 요인은 굶주림이었다. 척박한 환경 속에서 먹을 것에 대한 욕구와 집착은 강력해질 수밖에 없다. 살아남기 위해 최대한 많이 먹고 남은 칼로리는 뱃살로 저장하도록 진화했으리라. 언제 굶을지 모르니 말이다. 당연히 먹을 것이 귀한 시기에는 식탐이 강하고 소화기의 흡수능력이 좋은 유전인자를 가진 사람이 생존 가능성이 높았다.

반면, 칼로리 섭취가 쉽고 당분이 넘쳐나는 요즘 세상에서는, 과거의 유용했던 식탐 유전자가 골칫거리가 되었다. 생존 가능성을 높여 우리를 지금까지 살게 해준 식탐 유전자가 '비만'이라는 역풍이 되어 돌아온 것이다.

지호는 강한 식탐 유전자를 가진 아이였다. 시대를 잘못 만난 탓에 상당히 뚱뚱해져 있었다. 초등학교 4학년인데, 키는 127cm, 체중은 48kg이었다. 표준 대비 19kg이 많았다. 뼈나이는 예상대로 1년이 빨랐고, 최종 예상키는 157cm였다. 지호가 왜 이렇게 체중이 늘었는지 상담을 통해 알 수 있었다. 할머니의 손주 사랑 때문이었다. 할머니 덕에 지호는 늘 많은 간식을 부족함 없이 먹을 수 있었다. 생존에 유리하게 설계된 지호의 식탐 유전자는 아낌없이 그 능력을 발휘했다. 밥도 고봉으로 먹고, 간식도 할머니의 정성에 부응하듯 다 챙겨 먹었다. 지호가 운동을 안 한 것도 아니었다. 매일 태권도를 다니고 있었고, 걸어다니는 시간도 꽤 길었다.

하지만 운동으로는 불량식품을 이길 수 없다. 예를 들어, 600㎖ 탄산음료를 마셨다면 7.2km를 걸어야 탄산음료에 해당하는 칼로리를 태울 수 있다. 맥도날드 세트 메뉴를 먹는다면 매일 마라톤을 뛰어야 모든 칼로리를 태울 수 있다. 체중 조절을 할 때 운동에만 의존하는 것은 무리가 있다. 채소와 단백질이 풍부한 건강 식단이 필수다.

그래서 나는 강력하게 간식을 집에서 없애도록 요청했다. 지호네는 소개로 내원한 가족이라 나에게 신뢰가 깊었다. 그래서 나의 권유대로 잘 따라와 주었다. 1년 후, 지호는 8cm가 자라고 체중은 늘지 않았다. 결과적으로, 체지방률은 48%에서 39%로 떨어졌다.

그럼, 지호의 키가 작은 원인은 살이 쪄서일까? 맞다. 살이 빠지면서 키 성장 추세가 달라진 것만 보아도 알 수 있다. 살이 쪄서 뚱뚱한 상태가 지속되면 뇌의 시상하부에서 성장호르몬 분비를 줄인다. 엎친 데 덮친 격으로 체지방이 성장호르몬을 소모시켜서 보통 아이들보다 성장호르몬이 부족한 상태가 된다.

이뿐만이 아니다. 체지방에서 렙틴 호르몬을 분비해서 뇌로 보내는데, 이것이 '사춘기를 시작하라'라는 신호로 작용한다. 게다가 뚱뚱한 딸의 경우, 지방세포에서 여성호르몬인 에스트로겐을 만들어 사춘기를 더욱 앞당기기까지 한다.

아이들은 몸통이 작아서 살이 쪄도 그렇게 보기 싫지 않다. 튼튼해 보이기도 하고 어릴수록 귀엽다는 느낌을 준다. 그러다 보니 어른에 비해 체중 관리에 소홀해지기 쉽다. 잘 크고 과하게 살찌지 않으려면 균형 잡힌 영양 섭취가 중요하다. 그러나 요즘 아이들은 골고루 먹지 않는 경우가 많다. 더욱이 뚱뚱한 아이들은 편식 경향이 더 강하다.

JTBC 모 프로그램에서 김종훈 교수님이 이런 질문을 했다. "수렵 채집 생활을 하던 인류와 농경 생활을 하던 인류 중 누구의 키가 더 컸을까요?" 이러한 질문에 출연자들 대부분은 인류가 농경 생활을 하면서 키가 더 커졌으리라 예측했다. 그러나 사실은 반대였다. 수렵 채집 생활을 하던 인류가 키가 더 컸다. 이유는 수렵 채집 생활을 하면 다양한 야생식물을 먹는 데 반해, 농경 생활을 하면 한정된 작물만 먹기 때문이라는 설명이었다. 이런 영양 공급의 한계가 평균키를 줄어들게 한 원인 중 하나라고 교수님은 설명했다. 그런데 지금의 아이들은 그 한정된 작물도 제대로 안 먹는다.

요즘 아이들이 특히 안 먹는 음식으로는 채소류가 대표적이다. 채소에 많은 비타민, 미네랄 같은 영양소들은 우리 몸에서 어떤 역할을 할까? 뇌의 인지, 판단, 기억 등을 정상적으로 가능하게 하고, 호르몬을 생성 분비하는 데 관여한다. 또, 정상적인 효소 활동을 돕는다.

몸이 비타민이나 미네랄을 필요로 할 때, 즉 영양소 보충이 필요할 때, 우리 몸은 뇌에 신호를 보낸다. 바로 '배고프다'라는 느낌이다. 그런데 필요한 영양소는 공급해주지 않고 칼로리만 많은 라면, 빵, 음료수를 먹는다면, 잠시 후 또 배가 고플 수밖에 없다. 뇌는 계속 영양소의 부족 신호를 받을 테니 말이다. 몸이 '배고프다'라고 밖에 신호를 보낼 수 없어 생기는 불상사다. 만약 "마그네슘과 망간이 부족해. 녹황색 채소를 먹어"라고 말을 할 수 있다면 좋을 텐데, '벙어리 냉가슴 앓는 격'이 따로 없다.

결국 필요한 영양의 결핍과 불필요한 칼로리의 과다로 인해 아이는 점점 뚱뚱해지게 된다. 또한 비타민과 미네랄 같은 영양소가 부족하면 칼로리를 효과적으로 연소하지 못해 남아도는 칼로리가 지방으로 쉽게 쌓인다. 아이들이 편의점에서 주로 사 먹는 음식들이 대체로 밀가루와 설탕, 식품첨가물 등으로 이루어진 가공식품이다. 살찌기에 최적의 조합이다.

살을 빼기 위해서는 식단을 바꾸는 방법밖엔 없다. 무조건 저칼로리 식단이 아니라 신선한 채소, 통곡물, 양질의 단백질로 이루어진 진짜 음식을 먹여야 한다.

이에 더해 살을 빼려면 잠도 충분히 자야 한다. 스마트폰을 본다며 늦게 잔다면 살을 빼기는 힘들어진다. 피로의 회복과 각종 호르몬 활동이 잠자는 동안에 가장 활발하기 때문이다. 잠자리에 들기 1~2시간 전에 미리 스마트폰이나 태블릿을 내려놓아야 한다. 자기 전에는 책을 보는 것이 좋다. 책이 수면에 도움이 된다는 사실은 경험으로 익히 체득하지 않았는가.

멜라토닌은 날이 어두워지면 뇌의 송과선(pineal gland)에서 분비되어 잠을 자도록 유도한다. 폰에서 나오는 빛은 멜라토닌 분비를 떨어뜨리고 뇌 활동을 증가시켜 잠드는 것을 어렵게 한다. 그러니 살을 빼려는 의지가 있고 키가 더 크고 싶은 마음이 있다며, 잠을 잘 자려는 노력을 당연히 해야 한다.

햇볕을 쬐는 것도 좋은 방법이다. 밖에 나가서 맑은 공기를 마시고 햇볕을 쬐면 몸속의 노폐물이 빠져나가 키 성장과 체중 감소에 도움이 된다. 햇볕은 피부의 구멍을 열어 독소가 피부를 통해 빠져나가도록 도와준다. 성장에 필요한 일부 비타민을 생성하게도 해주고, 밤에 깊은 잠을 자도록 호르몬 균형도 잡아준다.

살이 찌면 키가 덜 자란다. 그럼, 이미 뚱뚱해서 고민인 아이를 위해서는 어떻게 해야 할까? 앞서 이야기한 것처럼 식단 관리가 가장 중요하다. 나는 효소 단식을 통해 우리의 미각이 얼마나 섬세한지를 느낄 수 있었다. 달고 짠 과자, 음료수, 각종 편의점에서 파는 가공식품을 먹다 보면 이 미각은 둔해지고 편식은 심해진다. 미각이 둔해지면 원재료 진짜의 맛을 모르게 된다. 그럼 가공식품만 먹게 되고 가짜 음식으로 배를 채우니 영양은 부족해질 수밖에 없다.

아이들에게 신선한 채소, 과일을 챙겨 먹여야 한다. 햇볕을 쬐고 야외에서 활동적인 운동을 하며 폰 사용을 제한해 일찍 자도록 유도해야 한다. 너무 뻔한 말인가? 뻔한 말인데 실천이 쉽지 않다. 부모인 우리가 정신 무장을 잘해서 우리 아이의 키 성장과 건강을 잘 챙겨야 나중에 후회할 일이 없을 것이다.

180

170

160

150

140

130

120

100

## 07

# 알레르기 질환이 심해서
# 키가 작아요

2012년 초에 나는 첫 아이를 가졌다. 한방부인과와 한방소아과에서 배운 대로, 나는 음식 관리를 하면서 태교에 힘썼다. 나는 원래 분식을 좋아했다. 특히 라면이나 스파게티, 자장면, 빵 같은 밀가루 음식을 밥보다 더 좋아했다. 커피도 매일 1잔 정도는 마셨다. 하지만 임신 후 나는 그런 음식을 거의 먹지 않았다. 어디서 솟아난 모성애인지 모를 일이었다. 10개월 동안 빵 한 조각도 허락하지 않고 태아에 좋은 한약과 과일, 단백한 고기, 채소 위주의 건강식만을 챙겨 먹었다.

그해 겨울, 나는 설레는 마음으로 첫 딸을 품에 안았다. 태어난 지 3개월 정도 지났을 무렵, 아기 얼굴에 태열(胎熱)이 오르기 시작했다. 얼굴이 붉어지면서 오톨도톨한 발진이 생겨났다. 아기는 가려움에 자기 얼굴을 긁어 상처를 내었고, 찡얼거리면서 잠을 깊이 자지 못했다. '내가 그렇게 신경썼는데 아토피라니…' 나는 당황스러웠다.

이후, 나는 딸아이의 치료를 위해 분유를 알레르기 특수 분유로 바꾸었다. 그 분유에 태열을 내리는 한약을 섞어 먹였다. 베개 역시 열 배출에 도움이 되도록 시원한 좁쌀 베개로 바꾸었다. 딸아이가 자기 얼굴을 긁을까 봐 나는 잠을 설쳐가며 매일 밤 보초를 섰다. 자연과 가까우면 좋을 듯해서 1층 주택인 외할머니집에서 여러 날 생활하기도 했다. 그렇게 3개월쯤 지나자, 진물이 흐르던 아토피는 기세를 꺾고 사라지기 시작했다. 생후 6개월부터는 아토피 피부염이 재발하지 않고 잘 지내게 되었다.

아이가 태어나서 첫돌까지 연간 25cm 정도 키가 자란다. 이후 2년간 20cm가 더 자란다. 이렇게 자라는 시기는 2번 다시 없다. 이때 알레르기 증상이 심해서 잠을 설치거나 아파서 키가 덜 자라면 키 차이가 큰 폭으로 커진다. 그래서 이 시기에는 할 수 있는 노력을 최대한 기울여야 한다.

성장에 중요한 생후 3년간, 잔병치레와 알레르기로 고생한 아이들은 키 순위가 큰 폭으로 뒤처지기 쉽다. 이후 처진 키를 못 따라잡아서 고민하다가 나를 찾아오는 경우가 많았다. 다행히 나의 첫째 아이는 아토피 증상을 빨리 잡았고, 이후 재발하지 않아 키는 잘 자랐다.

그런데 내가 한 임신 중의 노력이 태열로 돌아온 것은 이해할 수 없었다. 집히는 구석이 하나 있긴 했다. 나의 남편이 20대 후반까지 아토피가 있었다. 알레르기는 유전일까? 유전적 영향은 아주 오래 전, 1916년도에 연구가 되었다. 연구 결과, 알레르기 환자의 48%가 가족력이 있었다. 반면에 정상인 사람은 14%만 알레르기 가족력이 있었다. 그러니까 가족 중 누군가 알레르기가 있다면, 아닌 경우에 비해 알레르기일 가능성이 3배 정도 높은 것이다.

알레르기는 면역반응이다. 면역반응에 관계하는 유전자는 수십, 수백 개다. 여기에는 개인차가 있다. 예를 들어, 면역반응에 관계되는 선천면역수용체, 사이토카인 등 기타 여러 가지 염증 신호전달과 관계가 있는 유전자는 수없이 많다. 유전자에 따라서 어떤 사람은 쉽게 알레르기가 생겨 염증에 시달리고, 어떤 사람은 옻나무에도 반응이 없을 수 있다.

알레르기는 유전 영향과 더불어 환경 영향도 크다. 우리 부모 세대가 어렸을 때도 이렇게 아토피, 비염, 천식이 많았는지를 생각해 보면 금방 눈치챌 수 있다. 환경 영향으로 이런 알레르기 질환은 세계적으로 증가 추세다.

환경 요인 중에서는 알레르기를 촉진하는 환경 요인과 반대로 억제하는 환경 요인이 있다. 대표적으로 공기오염은 알레르기를 촉진한다. 자동차에서 나오는 매연은 피부염을 유발한다. 담배 연기는 천식과 습진을 일으키는 주요 환경 요인이다. 또 서구화된 생활 습관으로 고기, 유제품을 많이 먹으면 알레르기가 확실히 많이 생긴다.

반면, 알레르기를 개선하는 환경은 자연과 가까운 생활이다. 알레르기가 개발도상국보다 선진국에 많다는 사실만 보아도 유추해볼 수 있는 대목이다. 주로 흙과 식물, 동물과 접촉이 많으면 면역력이 상승했다는 보고는 쉽게 찾아볼 수 있다.

사람의 경우도 무수한 미생물들을 갖고 있다. 우리의 머리털 혹은 피부에도 미생물들이 있고 장 속에도 많은 종류의 세균들이 산다. 이 미생물들이 다양하게 분포할수록 알레르기가 적다.

민준이는 돌 무렵부터 심한 아토피와 비염을 앓아왔다. 초등학교 5학년인 민준이는 키가 136cm이고 체중은 30kg이었다. 또래보다 10cm 이상 작았다. 아토피와 비염이 심해질 때마다 병원에 다니면서 약을 타 먹고 스테로이드 연고를 발랐다. "어릴 때는 가려워서 잠을 깊이 못 잤어요. 박박 긁는 소리에 제가 잠을 깰 정도였어요. 상처가 나도 몰라요. 환절기엔 온종일 코 푼다고 정신없고요", "아토피에 비염에 키도 작고…. 고칠 데가 많아 죄송해요" 엄마의 하소연이었다. 그동안 알레르기 증상으로 고생이 많았는데, 키마저 작으니 엄마와 민준이의 속상한 마음이 오죽할까.

알레르기 질환이 있는 아이들은 대부분 스트레스가 많아 예민하다. 코막힘, 가려움 등으로 잠을 설치게 되니 키가 작을 수밖에 없다.

잠을 못 자면 식욕도 떨어져 이차적으로 영양 공급에도 문제가 생긴다. 영양 공급과 수면 부족은 피로와 무기력으로 이어져 운동하는 시간이 줄어든다. 아이가 알레르기 질환에 시달리면 이래저래 키가 잘 자라기 힘들다.

민준이는 비염 개선을 위해 소청룡탕(小靑龍湯)류의 한약 복용을 하면서 아토피 개선을 위해 천연연고를 바르게 했다. 음식 관리를 하면서 땀이 나는 운동도 병행하도록 했다. 스테로이드 연고와 양약은 증상이 심할 때 최소한으로 사용하면서 단계적으로 줄여나갔다. 민준이는 다행히 나를 만난 후, 1년간 8.6cm가 자랐다. 사춘기 들어가기 전에 최대한 키를 따라잡기 위해 함께 노력하기로 했다.

키 성장을 방해하는 알레르기 질환으로는 대표적으로 아토피, 비염, 천식이 있다. 이를 예방하거나 개선시키기 위해서 우리는 어떻게 해야 할까?

알레르기 질환은 완치가 쉽지 않다. 만성 질환이기에 환경과 생활 습관의 변화가 꼭 필요하다. 그래서 아이가 좋아지려면 아이와 부모님의 개선 의지가 필수다.

생활에서 개선해야 할 부분을 살펴보자. 우선, 음식을 조심해야 한다. 각종 인공감미료와 화학조미료가 많이 들어간 인스턴트 음식을 줄여야 한다. 너무 맵거나 짠 자극적인 음식, 사탕, 젤리, 아이스크림, 음료수 등 가공 단맛이 나는 음식을 피해야 한다.

요즘 맞벌이 가정이 많아 배달 음식과 외식이 늘고 있다. 그래서 아이들의 육류와 화학조미료 섭취가 많다. 바쁘더라도 집밥을 좀 더 챙겨 먹기를 권한다. 부모가 낮엔 바쁘게 일하고, 퇴근 후 아이들 저녁밥 챙겨 먹이는 게 참 힘들다는 것을 나도 잘 안다. 그래도 발아현미를 넣은 잡곡밥에 구운 맨 김과 채소 쌈, 두부구이 정도의 단순한 밥상이면 좀 쉽지 않을까.

소화 기능이 약하면 면역체계의 불균형이 생기기 쉽다. 위장의 연동 운동, 장내 세균총, 강한 위산은 각종 세균, 바이러스, 알레르기를 일으키는 항원을 방어한다. 그러나 이런 방어 시스템에 문제가 생기면 알레르겐이 장점막을 통과해 알레르기 증상을 일으킨다.

그러므로 평소 식사는 천천히 꼭꼭 씹어 즐겁게 먹고, 유익균의 먹이인 식이섬유가 많은 채소류를 챙겨 먹어야 한다. 그리고 찬 음료와 냉수는 피해야 한다. 냉기가 식도로 내려가면서 폐 기관지의 온도를 떨어뜨려 백혈구의 활동을 위축시키고 위장기능을 저하시키기 때문이다.

알레르기를 가장 많이 일으키는 대표적인 음식물은 우유, 달걀, 콩이다. 갑각류나 견과류도 알레르기를 일으키지만, 증상이 비교적 강하게 나타나므로 조심하기 쉽다.

그런데 아이가 증상이 심하지 않은 경우, 엄마는 눈치채지 못하고 계속 먹이기도 한다. 특히 우유와 달걀이 그러하니 평소에 잘 관찰해보아야 한다.

그리고 항생제를 아이에게 쉽게 먹이지 않도록 해야 한다. 꼭 필요하다면 일주일 이내로 복용을 제한하기를 권한다. 병원에서 처방하는 일수만큼 다 먹일 필요는 없다. 증상이 70~80% 개선되었다면 중단하고 자가면역을 올리기 위한 노력을 해야 한다. 아이의 목과 발을 따뜻하게 하면서 된장국 등의 발효식품을 챙겨 먹이고 아이를 쉬게 하면 좋겠다.

우리 집 세 남매도 알레르기 증상이 조금씩 있다. 특히 첫째 아이가 아빠의 유전 탓인지 어릴 때 아토피 피부염을 겪었다. 그래도 임신 중 음식 관리 덕분에 아토피는 재발하지 않았다. 이후 3~4학년 봄엔 꽃가루 알레르기로 고생을 좀 했다. 면역을 회복하기 위해 음식 관리와 더불어 한약을 복용한 후, 5학년이 되어서는 꽃가루 알레르기도 사라졌다.

키가 잘 크려면 무엇보다 질환 치료가 우선되어야 한다. 알레르기 질환은 꾸준히 조금씩 아이들의 키 성장을 방해한다. 증상이 심하면 치료를 통해 질환을 개선시켜주어야 키가 잘 자란다. 더불어 평소 생활 관리로 면역체계를 바로 세워야 하는 것은 두말할 필요도 없다.

# 키 성장 프로젝트, 지금 당장 시작하라

180
170
160
150
140
130
120
100

# 01

# 키 성장도 학습처럼
# 지속적인 관리가 핵심이다

유명 배우이자 무술인 이소룡(Bruce Lee)은 말했다.

"나는 1만 가지 발차기를 한 번씩 한 사람은 두렵지 않다. 내가 두려워하는 것은 한 가지 발차기만 1만 번 반복해 연습한 사람을 만나는 것이다."

우리 동네 편의점 입구에는 네모 손 모양 세레모니를 하는 손흥민 선수의 광고 포스터가 붙어 있다. 편의점으로 들어갈 때마다 나의 세 남매는 "손흥민이다!" 하며 반가움을 드러냈다. 지금은 세계적인 선수가 된 손흥민도 연습만 하던 시절이 있었다. 그는 초등학교 3학년부터 중학교 3학년까지 발등에 공을 올리고, 운동장을 3바퀴씩 도는 기본기 훈련만 했다. 그 후 매일 왼발로 500번, 오른발로 500번, 합쳐서 1,000번씩 슈팅 연습을 하며 이른바 '손흥민 존'을 탄생시켰다. 그 끈질기고 지루한 훈련 뒤에는 손웅정이라는 손흥민

선수의 아빠가 있었다.

이들이 보여주는 꾸준함은 키 성장에도 핵심 전략이 된다. '키가 자란다'라는 것은 '뼈가 자란다'라는 의미다. 뼈는 고무줄처럼 금방 늘어나는 것이 아니기에 뼈가 잘 자라려면 꾸준한 관심과 건강 관리가 필요하다. 뼈의 길이 성장에서 핵심은 성장판(Growth Plate)이다.

성장판은 무엇일까? 성장기 어린이의 모든 관절 부위에 있는 연골 부분이 성장판이다. 주로 긴 뼈의 끝 부분에 위치하고 있으며, 마치 초코파이 속 빵 사이의 마시멜로처럼 관절 사이에 끼어 있는 형태다. 성장판 검사는 x-ray를 찍어서 확인한다. 모든 관절 사이에 성장판이 있지만, 보통은 왼쪽 손목과 손뼈 사진을 많이 찍어 확인한다.

성장판 열림

성장판 닫힘

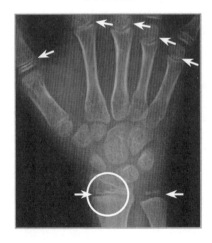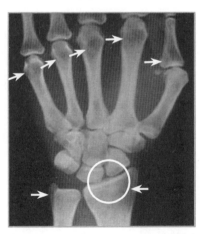

출처 : 저자 작성

그럼, '성장판이 열렸다'라는 말은 무슨 말일까? x-ray 검사상 '관절 사이의 연골 부분이 명확하게 보인다'는 뜻이다. 연골인 성장판은 빛의 투과율이 높아 사진상으로는 굵은 검은 띠 모양으로 보인다. 이 시기에는 키가 잘 자란다. 반면, '성장판이 닫혀가는 중이다'라는 말은 연골조직인 성장판이 골화가 진행되어 굵은 검은 띠 모양의 성장판이 가늘고 흐릿한 선으로 보일 때를 뜻한다.

성장판이 골화되어가는 과정을 물이 얼음으로 얼어가는 모양으로 이해하면 쉽다. 관절 사이의 물렁물렁한 연골조직이 바깥쪽부터 얼음 얼듯이 딱딱하게 경골로 바뀌어가면서 물렁물렁한 부분이 줄어들어가는 과정이 성장판이 닫혀가는 모양이다. 이 시기로 접어들면 키의 성장세는 둔해진다.

'성장판이 닫혔다'라는 말은 이 검은 띠 모양의 연골조직이 더 이상 x-ray 검사상 안 보이는 상태다. 이렇게 성장판이 닫히면 뼈의 길이 성장은 끝났고 키는 더 이상 자라지 않는다. 단, 뼈의 두께 성장은 여전히 가능한 상태다. 결론적으로, 키 성장을 위한 노력이 가능한 시기는 성장판이 열려 있거나 닫혀가는 중일 때다. 성장판이 닫혔다면 키 성장을 위한 노력은 헛수고일 뿐이다.

첫 아이를 초등학교 입학시키던 날이 생각난다. 나는 학부모가 된다는 설레면서도 낯선 기분에 적잖이 긴장했었다. 딸아이와 나는 팬

스레 주변을 살피며 허둥댄 듯하다. 입학식 날, 교실에는 30명의 또래 아이들이 다닥다닥 붙어 앉아 있었다. 엄마인 나의 눈에 가장 먼저 들어온 것은 내 딸의 체구였다. 아마도 많은 엄마들이 나와 같았으리라. 엄마라면 누구나 자신의 아이가 키가 크면 왠지 모를 우월감에 기분이 좋고, 키가 작으면 자신도 모르게 자책감을 느끼게 되는 듯하다.

아이를 키우면서 부모님들이 아이의 키에 관해 심각하게 고민하는 시기는 대체로 초등학교 입학 시기다. 그전까지는 아이들마다 키의 편차가 있더라도 '시간이 지나면 저절로 크지 뭐' 하며 대수롭지 않게 넘어간다. 그러다 막상 단체 사진 속의 키 작은 내 아이를 보면 가슴이 철렁 내려앉는다. 그런 이유로, 신학기가 되면 만 7세 전후의 아이들이 부모님의 손을 잡고 성장클리닉을 많이 방문한다.

그런데 이때 결심한 키 성장프로젝트는 얼마 못 가 흐지부지되고, 아이는 고학년으로 접어들게 되는 경우가 많았다. 고학년이 되면 마냥 아기 같았던 아이는 몸이 변하면서 말수가 줄어들고 자신의 방에서 나오지 않기 시작한다. 이 무렵 성장판이 얼마 남지 않았다면 성장클리닉으로 노력을 한다 해도 한계가 있기 마련이다.

요즘 아이들은 사춘기가 일찍 찾아오기 때문에 방심하다가 때를 놓치기가 십상이다. 사춘기가 찾아오고 키 성장이 갑자기 둔화되기 전, 초등학교 저학년 시기부터 지속해서 관심을 갖고 세심히 주의를 기울여야 한다.

우리는 살면서, '인생 역전', '막판뒤집기', '9회 말 역전승' 등의 말로 어떤 악조건 속에서도 늘 희망을 찾아 성공의 기회로 삼는 것에 대해 기대한다. 마찬가지로, 아이의 키를 키우기 위해서 나를 찾아오시는 부모님들도 이러한 기대를 하고 온다.

"1년에 15cm씩, 2년간 크면 30cm가 클 테니 180cm가 가능하지 않을까요?"

각종 키 관련 건강식품의 광고를 보면, 후기 글에 6개월에 10cm가 컸다거나 3개월에 7cm가 컸다는 식의 내용을 찾아볼 수 있다. 하지만 나는 제품 광고를 위해 후기 글을 조작했음을 안다.

가장 많이 크는 시기인 사춘기에 아이들이 얼마나 크는지 확인해보자. 아들들은 1년간 평균적으로 7.9cm 정도 자란다. 딸들은 1년간 평균적으로 7.2cm 정도 자란다. 이 정도가 가장 많이 자라는 시기의 통계상 수치다. 노력해서 잘 키우면 이 수치의 1.5배를 키울 수 있다. 그렇게 키워도 사춘기 동안 키를 따라잡는 것이 가능한 수준이 1년간 3cm 내외다. 그러므로, 애석하게도 키 성장에서 막판 뒤집기는 쉽지 않다. 아이를 크게 키우고 싶다면 어릴 때부터 꾸준히 키워야 한다.

어느 부모님이나 고3 수험생 시절을 경험했을 것이다. 학기 초에 시험 성적이 하위권으로 형편없다가 여름방학 후 성적이 급상승해서 막판에 우수한 성적으로 대학에 합격한 친구들이 있던가? 생각이 나지 않을 것이다. 그래도 어느 정도 공부를 해오던 친구들이 운까지 따라주면서 좋은 성적을 거두는 것을 본 적은 있을 것이다. 그럼에도 입시는 3수, 4수라는 차선책이라도 있지 않은가. 성적이 바닥이던 학생이라도 2~3년간 몰입해서 공부하면 성적이 단계별로 올라간다.

그러나 닫힌 성장판은 야속하게도 후발주자의 눈물겨운 노력에 반응하지 않는다. 키 성장에는 9회 말 역전승도 3수, 4수도 없다. 오직 방어선만 있을 뿐이다.

"작년에 2cm밖에 안 컸어요. 초경은 올해 5월에 했고요. 코로나 시기 2년간 집에만 있어서일까요? 배달 음식도 많이 먹긴 했어요. 성장판은 괜찮나요?"

중학교 1학년인 외동딸 지연이의 키는 155cm였다. 성장판은 골화가 95% 정도 진행되어 있었다. 추측건대, 노력하면 2~3cm 남짓 더 클 가능성이 있었다. 엄마의 키는 161cm였고, 아빠도 큰 편이었다. 엄마의 표정에 자신과 비슷하게라도 크기를 바라는 간절함이 그대로 묻어났다. 안타깝지만 어쩔 수 없는 노릇이었다.

난 지금 일터에서 일하고 있으면서도 집에 있을 세 남매가 생각난다. 첫째와 둘째 아이를 키울 때는 최희수 작가의《푸름이 이렇게 영재로 키웠다》, 김선미 작가의《닥치고 군대 육아》등의 육아서를 읽으면서 그대로 실천하려고 애썼다. 출산 후, 3~4년간 정말 일과 육아만 했던 것 같다. 친한 친구도 1년에 2~3번 정도 만난 게 다였다. 이후, 셋째 아이가 태어나서부터는 더 이상 그런 식의 몰입 육아와 책 육아를 할 수 없었다. 나의 욕구를 누르고 살기에는 육아 기간이 너무 길어진 탓이었다.

나는 결혼 전에는 아이를 좋아하지 않았다. 한 번씩 마주하는 버릇없고 이기적인 말썽꾸러기 아이들이 성가시게 느껴지기도 했다. 그런데 아이를 낳아 기르면서는 완전히 다른 사람이 되었다. 아이를 정말 잘 키우고 싶었다. '잘못 키우면 안 되는데…' 하는 두려움에서 시작된 노력이었다. 관련 책을 보고 강의를 듣고 내면의 치유 명상까지 했다. 아이를 잘 키우고자 하는 동기는 두려움에서 시작되었지만, 나를 성장시키는 큰 힘이 되었다. 지금도 아이를 키우는 일은 나에게 끊임없는 관심과 노력을 요구한다.

"넌 네가 길들인 것에 대해 언제까지나 책임을 져야 하는 거야."
이 말은 생텍쥐페리(Antoine Marie Roger De Saint Exupery)의《어린 왕자》에 나오는 명언이다. 이 말은 무엇인가 행함에 책임감을 느껴야 함을 의미한다. 아이를 키우는 부모에게 이보다 무거운 말은 없으리라.
아이가 독립하기 전까지 아이의 건강과 생각, 삶을 대하는 태도까지 부모의 영향력은 너무나 크다. 키가 자라는 것도 마찬가지다. 제대로 집밥 잘 먹이고, 잘 재우고, 자신의 건강과 체력을 관리하는 방법까지도 부모가 모범이 되어야 한다. 그리고 《어린 왕자》 속 여우가 한 말처럼, 길들이는 것에 따른 책임을 잊지 말아야 한다.

나는 아이를 키우면서 '아이의 하루는 어른의 1년과 같다'라는 말이 참 버거웠다. 무언가에 쫓기는 기분으로 아이에게 책 한 권이라도 더 읽어주려고 애썼던 시간이 떠오른다. 그런데 돌아보면 부모가 모범만 잘 보여주면 될 일이었다. 아이들은 모방해서 배우는 데 타고난 천재가 아니던가. 부모가 먼저 건강한 음식을 즐겁게 먹고, 적당한 운동을 하면서 스스로를 사랑으로 돌보면 어떨까. 그 모습을 보고 자란 아이들도 소중한 자신의 몸을 잘 길들여나가지 않을까. 그리고 초등 시기부터는 1~2년에 한 번 정도는 잘 자라고 있는지 검사를 통해 확인해보기를 권한다. 필요한 때에 아이의 성장을 도와야 한다면 시기를 놓치지 않기 위해서다.

# 02

# 평생의 자산, 건강한 키 키우기가 최고의 투자다

180
170
160
150
140
130
120
100

나의 대학 시절, 지성이라는 1살 아래의 친한 동생이 있었다. 나는 다른 학교에 다니다가 한의대에 입학했기 때문에 나이로는 삼수생에 해당했다. 그래서 지성이와 학번은 같았지만, 나이는 내가 더 많았다. 지성이는 나를 언니라고 부르면서도 친구처럼 나와 잘 지냈다. 지성이는 우리 학번 내의 캠퍼스 커플이었다. 그녀의 남자친구는 과 대표를 할 만큼 외향적이고 리더쉽이 강했다. 선후배 사이에서도 평판이 좋았다. 그런데 아쉬운 점이 하나 있었다. 키가 작다는 점이었다. 지성이의 키가 168cm였으니 어림짐작으로 그 친구의 키는 170cm가 안 될 듯하다. 남자친구를 배려하기 위해 지성이는 굽 높은 신발도 신지 않았다. 그러나 마음만은 키 큰 남자친구에 대한 갈망이 있었다.

"언니, 드라마에 나오는 장면처럼 나도 발뒤꿈치 들고 남자친구 어깨에 한번 매달려보고 싶어."

그러면 나는 지성이의 이룰 수 없는 소원에 공감하며 함께 아쉬움을 나누었다.

그리고 대학 졸업 후 3년이 지났을 무렵, 나는 지성이가 보낸 청첩장을 받게 되었다. 지성이는 그 친구와 결혼했을까? 아니었다. 결혼식장에 나타난 신랑은 지성이가 발뒤꿈치를 한껏 들어야 겨우 얼굴을 마주할 만큼 키가 컸다. 신랑의 잘생긴 외모와 훤칠한 키는 신부를 오히려 위축시킬 정도였다. '꿈은 이루어지고 소망은 성취되는 것이구나' 하고 생각하며, 나는 진심으로 지성이의 결혼을 축하했다.

니콜라 에르팽의 《키는 권력이다》에 이런 내용이 나온다.

'여자들은 너무 어린 남자들을 확실히 거부하고, 키가 작은 남자들 또한 거부한다. 여자들은 배우자의 원숙함과 키를 높이 평가한다. 키는 신체적 우월성의 명백한 상징이자 사회적인 남성스러움의 상징이다.'
'키가 큰 남자가 더 빈번하게, 그리고 더 일찍 커플을 이루는 것으로 나타났다.'
'키가 작은 남자는 키가 큰 남자보다 책임자의 자리에 덜 빈번하게 승진한다.'
'중학교 시절 키가 작은 남자아이들은 표적 그룹에 속한 아이들보다 두 배 더 많은 폭력을 겪는다. 반면에 키가 작은 여자아이들은 표

적 그룹의 여자아이들보다 더 자주 폭력을 겪지 않는다.'

이외에도 '키의 프리미엄'에 대한 사례와 연구들이 100페이지 이상을 차지한다. 이 책은 출판된 지 20년이 넘은 책이다. 하지만 이 책에 기술된 내용의 전반적인 맥락은 요즘에도 여전히 유효하다. 아들 둘을 둔 엄마인 나를 바짝 정신 차리게 하는 내용이 아닐 수 없다.

2014년 5월에 정호를 처음 만났다. 정호는 초등학교 5학년이었고, 키가 139cm, 체중은 33kg이었다. 또래보다 10cm 정도 작았다. 검사 결과 뼈나이가 1년 정도 느린 점이 다행이었다. 뼈나이가 1년 느리면, 또래 아이들보다 1년 정도 더 클 시간적 여유가 있기 때문이었다. 그럼에도 최종 예상키는 169cm 정도였다. 정호는 평소 잠을 깊이 못 자고 꿈을 많이 꾸었다. 편식이 심해서 녹색 채소를 안 먹었고 과자를 즐겨 먹어서 복통이 잦았다. 틱 증상도 있는 데다 뼈도 약해서 골밀도마저 낮게 나왔다.

키가 클 수 있는 시간은 넉넉했으나, 정호의 건강적인 밑바탕이 안 좋아 잘 클 것이라는 보장은 없었다. 우선 각종 질환 치료를 통해 키 성장의 발판 만들기 과정에 들어갔다.

정호에게 비위(脾胃)를 보강하고 잠을 잘 자도록 신경계의 균형을 회복하는 체질 맞춤 성장탕을 3개월간 복용시켰다. 이후 정호는 복통이 없어지고 잠을 잘 자게 되었다. 안 아프고 잘 자게 되니 식욕이 눈에 띄게 좋아졌다. 먹는 양이 늘고 살도 붙었다.

그러나 키는 또래 아이들에 비해 뚜렷하게 크지 않았다. 이유는 무엇이었을까? 정호 또래의 아이들은 6학년이 되면서 사춘기에 접어들었다. 급성장기로 넘어가면서 키 성장 폭이 30%씩 상승했다. 반면, 정호는 아직 사춘기 전이라 이전보다는 잘 자랐지만, 상대적으로 충분치 않았다.

"엄마, 나도 친구들처럼 털도 나고 목소리도 변하면 좋겠어."
중학교 입학하고도 정호는 사춘기가 시작되지 않았다. 이 시기의 아들들은 무엇보다 또래 사이의 평가에 일희일비한다. 그래서 정호는 체격이 커지고 남자다운 친구들의 모습이 부쩍 부러웠던 모양이었다. 그래서 나는 "정호야, 지금은 키가 작아 속상하겠지만, 중학교 2학년부터는 네가 더 많이 자라서 친구들을 놀라게 할 거야"라며 기대감을 심어주었다. 내 말대로 정호는 중학교 2학년부터 보란 듯이 키가 자라기 시작했다.

정호 엄마의 키는 155cm이고 아빠의 키는 170cm였다. 정호의 엄마는 정호가 180cm만 되면 소원이 없겠다는 강한 의지로 참 꾸준히 나의 성장클리닉에 다녔다. 그 결과, 정호는 자신보다 컸던 친구들을 제치고 고등학교 3학년 무렵엔 키가 181cm까지 자랐다. 이제는 정호 옆에 선 엄마가 너무 왜소해 보일 지경이었다.

나는 정호를 잘 자라게 하기 위해 3단계의 관리를 했다. 우선 사춘기 전에는 건강 개선과 식습관 관리로 키 성장을 위한 발판을 마련했다. 다음으로 사춘기에 접어들어서는 폭풍 성장을 하기 위해 필요한 성장 한약과 영양 처방에 집중했다. 이후 성장기 마무리 단계에서는 성장판의 골화를 늦추면서 최대한 오래 크도록 관리했다. 물론, 정호가 함께 노력한 결과였다. 정호는 고학년이 되어서도 12시 전에는 자고 주말에는 자전거를 1시간 정도 타며 유산소와 근력 운동을 했다.

큰 키는 아이들의 성장 과정에서 자존감이 자라는 확실한 토대가 된다. 아이가 또래 집단에서 키가 크면 좀 더 자신감이 있고 당당하게 행동한다. 학업성취도가 다소 낮더라도 키가 큰 것만으로도 또래 사이에 선망의 대상이 된다. 그래서 정호의 성장 과정은 자신감의 회복 과정이라 할 만했다.

정호는 어릴 때 작아서 위축되었던 시간을 떠나보내고 책임감 있고 강한 어른이 되어 군 입대를 했다. 그러나 정호처럼 늦게 자라는 아이도 있지만 반대로 빨리 자라는 아이들이 요즘은 더 많다. 빨리 자란 친구들은 어릴 때는 우월감과 자신감으로 또래 사이에서 인정을 받는다. 그러나 오히려 중학교 2학년 이후부터 키가 자라지 않으면서 마음에 상처를 입는 경우가 생긴다. 자신보다 작았던 아이들이 자신보다 더 커지면 상대적인 열등감과 박탈감을 느끼기 때문이다.

그래서 잘 클 때 더 신경을 써야 한다. 어떻게 하느냐에 따라 더 오래, 더 많이 키울 수 있기 때문이다. 아이가 잘 클 때 많이 키워야 하고, 더 신경을 써야 고학년이 되어 상처받을 일이 생기지 않는다.

키를 잘 키우기 위해서는 무엇보다 아이의 건강을 잘 살펴야 한다. 무턱대고 키우고자 하는 마음만 앞서면 오히려 아이의 성장을 방해할 수 있다.

정은이의 예를 살펴보자. 정은이 부모님은 정은이를 잘 키우고 싶은 의욕이 강했다. 특히 아빠의 정은이 사랑은 유난했다. 공부도 잘하고 책임감도 강해 딱히 속 썩이는 일 없는 딸이 아빠 눈에 얼마나 예쁠 것인가. 정은이는 사춘기에 들어서 있었다. 성장클리닉을 진행하는 9개월간 7cm 정도를 자라서 경과가 만족스러웠다. 그러던 정은이가 4개월 동안 오지 않다가 다시 나를 찾아왔다. 놀랍게도 4개월간 키가 거의 자라지 않았다. 성장탕도 거의 먹지 못했다고 했다. 정은이와 아빠는 진료상담실에 나란히 앉아 있었지만, 표정은 돌아앉아 있고 싶은 듯 보였다.

무슨 일이 있었는지 자초지종을 들어보았다. 4개월 전쯤 정은이네는 고깃집에서 외식을 했는데, 그 다음 날부터 정은이가 속이 안좋다고 했다는 것이다. 이후 계속 속이 안 좋아 여러 날 밥을 제대로 안 먹으려고 했다는 것이다. 그러자 애가 탄 아빠는 밥을 아이에게 억지로 먹인 모양이었다. 그런 날이 반복되었고, 내과에 가서 소화

제도 타 먹였는데 효과가 없었다고 했다. 아빠는 밥을 안 먹는 딸에게 밥 먹으라며 호통치며 윽박지르신 모양이었다. 그렇게 억지로 먹인 밥은 또 증상을 악화시켰다.

정은이를 진찰한 결과, '식적(食積)'이었다. '식적'이란, 만성 식체로 먹은 음식이 제대로 소화되지 못하고 체내에 쌓여서 생기는 질환이다. 식적이 생기면 위 근육의 움직임이 둔해져 가슴이 답답하고 식욕이 떨어지며 더부룩함과 구역감을 느끼게 된다. 이럴 때는 차라리 굶거나 담백한 음식을 소량만 먹으면서 소화기를 쉬게 하는 것이 좋다.

이 사실을 몰랐던 아빠는 억지로 딸에게 음식을 먹인 것이다. 그로 인해 정은이는 4개월 동안 고생하며 키도 자라지 못했다. 결국 급성장기 2년 중 4개월을 그렇게 놓쳐버렸다. 정은이는 식적을 치료하는 한약을 먹은 후, 일주일 만에 식욕이 돌아왔다. 그리고 그달부터 다시 키가 자라기 시작했다.

늘 우리 몸은 생존이 우선이다. 건강상에 적신호가 켜지면 우리 몸은 우선 생존에 위협이 되는 문제를 해결하느라고 키 성장에 집중하지 못한다.

어떤 가정은 아이를 잘 키우기 위해 운동, 음식, 정서적인 환경 등에 대해 신경을 쓸 것이다. 그뿐만 아니라, 나와 같은 성장 전문가에게 상담을 받는 등 적극적으로 투자를 하기 때문에 아이의 키가 커질 가능성이 커진다. 반면, 어떤 가정은 바쁘다는 이유로 아이의 키 성장에 대해 인식할 겨를도 없이 성장기를 흘려보내기도 한다. 따라서 아이의 키가 작을 가능성이 다소 커진다.

물론 모든 사람이 그렇다는 것은 아니다. 부유한 가정에 태어나 부모님이 엄청나게 사교육을 시킨다고 해도 모든 아이들이 기대에 부응해 성적이 다 좋은 것은 아니지 않은가? 마찬가지다. 현명한 부모와 아이들은 어려운 환경 속에서도 적극적으로 정보를 찾는다. 그리고 성장에 도움이 되는 생활을 통해 큰 키를 얻는다. 물론, 꼭 키가 크지 않더라도 마음의 넓이가 세상을 안을 만큼 클 수도 있다. 우리는 살면서 키가 다가 아님을 안다. 그래도 더 클 방법이 있다면 굳이 마다할 이유는 없지 않은가. 그래서 나는 내가 가진 17년간의 임상과 정보를 공유해 자라는 아이들에게 성장을 위한 선택의 기회를 어렵지 않게 제공하고 싶었다.

# 03

# 학기별로 키 측정 후 기록해주기

180
170
160
150
140
130
120
100

우리 집 거실과 부엌으로 가는 사이의 공간 벽에는 수많은 눈금 표시가 있다. 색연필이나 볼펜으로 그어진 선들이다. 거기에는 아이들의 이름과 날짜가 적혀 있다. 아이가 있는 집이라면 다들 있을 법한 키를 잰 표시다. 나는 예쁘고 깔끔하게 살고 싶었지만, 아이들이 태어나면서부터는 그런 마음을 포기해야 했다.

내가 좋아하는 육아서 중에 《욕심 많은 아이로 키워라》라는 책이 있다. 표지부터 재밌다. 모자를 거꾸로 쓴 남자아이가 많은 장난감을 한껏 끌어안고 짓궂게 웃고 있는 그림이 표지다. 책의 핵심 철학은 이렇다. '다른 사람이나 남의 물건에 상처를 입히지 않는다면 뭐든지 괜찮다.' 저자는 7세 전까지는 아이들의 행동을 통제하기에 앞서 아이들의 놀 권리부터 보장해주자고 주장한다. 허용의 폭을 넓혀 창의적인 아이로 키우라는 내용이다.

나는 어릴 때부터 '착하다'라는 말을 많이 들었다. 나의 엄마는 나에게 "너는 순해서 공짜로 키운 것 같다"라고 말하기도 했다. 나는 각종 육아서와 심리서를 읽으면서 나에 대해 자각하기 시작했다. 남의 평판에는 귀를 기울이면서 정작 나의 감정과 욕구는 외면했음을 알게 된 것이다. 그래서 나는 내 아이들만큼은 나와 다르기를 바랐다. 자신의 욕구를 자유롭게 표현하면서 스스로를 존중하는 아이로 자라길 바랐다.

그러기 위해 집에서라도 '~하지 마'라는 말을 아이들에게 하지 않도록 깔끔한 벽과 예쁜 인테리어를 포기했다. 아이들은 키를 재는 것도 한 번으로 끝내지 않는다. 여러 번 측정해야 하고, 내가 측정해 주어도 제 손으로 한 번 더 측정해야 직성이 풀린다. 응당 벽이 깨끗할 리가 없다. 내가 결벽증이 없어서 다행이었다. 그래도 지금은 막내가 7살이 되었고, 사춘기에 접어든 누나가 있어서 집이 점점 깔끔해지고 있다.

### "키를 잴 때마다 다르다고?"

집에서 키를 재어보면 알 것이다. 잴 때마다 다르다는 것을. 어떻게 키를 재야 제대로 재는 것일까? 우선, 키를 재는 자세가 일정해야 한다. 키를 측정할 아이는 똑바로 서서 눈이 정면을 향하도록 한다. 뒤통수와 등, 엉덩이, 발뒤꿈치가 벽이나 신장계에 닿도록 서서 잰다. 눈 끝 선과 귓구멍을 연결한 선이 바닥과 수평이 되도록 한다. 턱을 밑으로 당기면 키가 더 크게 측정이 되므로 이 점에 주의해서 눈과 귀를 살펴야 한다.

더불어, 키를 재는 시간도 일정해야 한다. 키는 아침에 측정한 키가 오후에 측정한 키보다 0.5~2cm 정도 크다. 사람은 앉거나 서서 생활하기 때문에 체중이 척추뼈 사이의 추간판(디스크)을 누르게 된다. 그러면 수분이 빠져나가서 키가 줄어들기 때문이다. 줄어들었던 키는 자고 일어나면 다시 늘어난다. 밤에 잠자는 동안 빠져나갔던 수분이 재흡수되기 때문이다. 만약 키를 재기 전날 충분히 잠을 자지 못했거나 책상에 엎드려서 잠을 잤다면 키 측정이 제대로 되지 않는다.

이렇게 키를 재고 기록해두면 우리 아이가 어느 시기에 잘 자라는지 알 수 있다. 또한 수 개월간 키에 변화가 없다면 '왜 안 크고 있지?' 하고 생각해볼 기회가 된다. 그러면서 키 성장에 방해가 되는 생활에 대해 짚이는 바가 있으면 이를 개선할 수 있다.

정아의 경우가 그러했다. 정아는 성장클리닉을 하는 언니를 따라온 동생이었다. 언니의 키를 측정할 때, 정아의 키도 측정해서 기록해두었다. 그런데 1학기 6개월 동안 3cm 정도 자란 정아가 2학기 6개월 동안은 1cm밖에 자라지 않았다. 언니에 대해 상담을 하면서, 동생의 이러한 변화에 대해 엄마에게 이야기해주었다. 나는 혹시 정아의 생활에 변화가 있었는지, 어디가 아팠던 것은 아닌지 재차 확인했다. 엄마도 고개를 갸웃하시면서 고민을 하더니, 짚이는 바가 있다고 말했다.

"정아가 다니는 학교의 급식회사가 바뀌면서, 정아가 점심 급식을 안 먹었어요. 그게 딱 2학기부터예요. 급식이 맛도 없고 밥에서 이상한 냄새가 난다면서요."

엄마의 말대로 정아는 2학기부터 점심을 안 먹고, 학원 가는 길에 편의점에서 산 과자와 주스로 허기를 채웠다. 정아의 엄마는 직장에 다니고 있어 낮에는 아이의 간식을 챙겨줄 수 없었다. 그로 인해 성장기인 정아는 영양 부족으로 키가 덜 자란 셈이었다. 그동안 꾸준히 키를 측정해왔기 때문에 이러한 문제를 빨리 파악할 수 있었다.

정아에게 그동안 기록한 키의 측정값을 보여주었다. 정아도 2학기에 키가 너무 적게 자란 것을 보고 놀란 듯했다. 그래도 아이는 아이였다. 정아는 그럼에도 학교 급식은 못 먹겠다는 단호한 태도를 보였다. 나와 엄마는 여러 차례 설득해보았지만 소용없었다. 결국 우리는 정아에게 엄마가 간단히 싸주는 도시락과 내가 처방하는 효소영양제를 먹겠다는 약속을 받고 상담을 마무리했다. 이후, 다행히도 정아의 키 성장세는 다시 회복되었다.

만약 키를 재지 않고 있었다면 어떻게 되었을까? 직장 생활로 바쁜 엄마는 아이가 자라지 않고 있음을 눈치채지 못하고 1~2년이 더 흘렀을 수도 있다. 그러면 그 시간 동안 3~4cm 이상은 족히 덜 자랐을 것이다. 얼마나 큰 차이인가? 어른인 우리는 살면서 많이 느끼지 않았던가. 사진을 찍을 때마다, 옷을 살 때마다 3~4cm의 키 차이가 얼마나 큰지를.

"그래서 우리 아이의 최종 키는 얼마인가요?"

나의 성장클리닉을 방문하는 부모님과 아이들이 가장 많이 하는 질문 중 하나다. 아이의 최종 예상키를 알 수 있을까? 어느 정도는 알 수 있다. 아이의 예상키는 나이가 어릴수록 변수가 많다. 그래서 아이가 어릴수록 정확하지 않다. 반면에, 아이가 급성장기인 사춘기를 지났다면 예상 키의 변수는 적다. 그래서 아이가 클수록 예상 키는 정확해진다. 바꾸어 말하면, 나이가 어릴수록 키를 더 키울 가능성이 큰 것이고, 나이가 많을수록 키를 더 키울 가능성이 작은 것이다.

"초등학교 1학년일 때 검사하니 최종 키가 178cm라고 해서 걱정도 안 했어요. 그런데 작년부터 너무 안 크더라고요. 최종 키가 170cm도 안 된다니 상상도 못 했어요."

나는 이와 비슷한 상황을 종종 마주한다. 어릴 때 병원에서 들었던 예상키만 믿고 있다가 아이가 고학년이 되어 키가 안 자라기 시작하면 그제야 검사해보고 황당해하는 경우가 참 많았다.

생각해보라. 초등학교 저학년일 때 공부를 잘해서 "너는 커서 SKY 가겠네" 하는 말을 들었다고 그 친구가 대학 진학을 잘한다는 보장이 있는가? 반대로, 초등학교 저학년일 때 공부를 못했다고 이후에 좋은 대학을 반드시 못 가게 되는가? 누구도 예측하기 어렵다.

그러나 만약 고등학교 2학년생인데 공부를 잘한다면 '좋은 대학에 가겠구나' 하고 예측하는 것은 어렵지 않다. 반대로 고등학교 3학년인데 성적이 하위권이라면 '좋은 대학은 어렵겠구나' 하고 예측할 수 있다.

키도 마찬가지다. 아이가 어릴수록 최종 예상키는 부정확하며 변동 폭도 크다. 그러므로 내 아이가 어릴 때 최종 예상키가 크다고 그것만 믿고 있어서는 안 된다. 최소한 학기별로 얼마나 키가 자라고 있는지 확인해보아야 한다.

최종 예상키는 성장과 관련한 각종 검사로 가능성을 언급해주는 것이다. 말 그대로, 예상되는 가능성의 범위 정도로 생각하면 좋겠다. 그래서 최종 예상키를 참고해 그 수치가 작다면 더 키울 방법을 모색해 실천하면 된다. 반면, 그 수치가 크다면 학기별로 키를 재면서 변수 없이 잘 크고 있는지 확인하며 아이의 생활과 건강을 점검하면 된다.

"어제가 오늘 같고, 오늘이 곧 내일이 될 육아의 일상을 '굳이' 왜 적어야 하냐고? 기록하고 복기하지 않으면, 어제보다 큰 아이에 대한 '감탄'보다 오늘의 '요청'만 하게 되거든."

《육아내공100》의 김선미 작가의 말이다. 아이를 키울 때 기록을 해야 하는 것의 중요성을 담은 글이다. 나는 한 번씩 딸아이를 키운 지난 시간을 돌아본다. 아이가 얼마 전에 태어난 듯한데 초등학교에 들어가더니, 이제는 나와 눈높이가 비슷해졌다. 급기야 발 사이즈가 비슷해 내 운동화까지 신는다. 시간이란 참 앞에서 보면 느린데, 뒤 돌아보면 정말 빠르게 느껴진다. 비단 나만 이런 것은 아닌 듯하다. 많은 부모가 너무나 빨리 흘러가는 시간 속에 아이가 어느새 자라버려 당황해한다.

혹시 앞서 언급한 정아의 사례처럼 키가 어떤 이유로 못 자라고 있는데, 눈치채지 못하고 넘어가면 어쩔 것인가. 성장 시기가 다 지나고 나서 아이의 키가 작다고 땅을 치고 후회하면 안 될 일이다. 꼭 학기마다 한 번씩 키를 재고 기록해두면 좋겠다. 키와 함께 아이와의 추억도 글로 남기면 더욱 좋으리라.

180

170

160

150

140

130

120

100

## 04

# 초등 시기
# 6년에 집중하라

사람은 보통 출생 시 평균 50cm의 키를 가지고 태어난다. 그리고 예외인 경우를 제외하고는 누구나 일생에 2번은 키가 급성장하는 시기가 온다. 첫 번째는 출생 후 3년 동안이고, 두 번째는 사춘기 시기다.

1차 급성장기는 영유아기로, 성장 폭이 가장 크다. 그렇기 때문에 태어나서 3년 이내에 아이가 여러 가지 질환에 시달리거나 잘 먹지 않고 잘 자지 않으면 키가 많이 뒤처질 수 있다. 영유아기를 지나면 키 성장 폭은 확연히 떨어진다. 1년에 6cm 내외로 자라게 되는 것이다.

아이가 초등학교에 입학하면, 딸은 4학년부터, 아들은 6학년부터 사춘기에 들어간다. 그러면서 다시 급성장기를 맞이한다. 이 시기에 딸은 2년 정도 잘 자라고, 아들은 3년 정도 잘 자란다. 이후 5cm 이내로 조금 더 크고 키가 자라는 과정은 끝이 난다.

## 학년별/성별 신장(키)

(단위 : cm)

| 구분 | | 남자 | | | | 여자 | | | |
|---|---|---|---|---|---|---|---|---|---|
| | | 평균키 | 표준오차 | 95% | 신뢰구간 | 평균키 | 표준오차 | 95% | 신뢰구간 |
| 초등학교 | 1학년 | 123.0 | 0.09 | 122.9 | 123.1 | 121.7 | 0.09 | 121.6 | 121.8 |
| | 2학년 | 129.2 | 0.10 | 129.1 | 129.3 | 128.0 | 0.10 | 127.9 | 128.1 |
| | 3학년 | 134.8 | 0.10 | 134.7 | 134.9 | 133.8 | 0.11 | 133.7 | 133.9 |
| | 4학년 | 140.6 | 0.11 | 140.5 | 140.7 | 140.5 | 0.12 | 140.4 | 140.6 |
| | 5학년 | 146.8 | 0.12 | 146.7 | 146.9 | 147.7 | 0.12 | 147.6 | 147.8 |
| | 6학년 | 153.6 | 0.14 | 153.5 | 153.7 | 153.2 | 0.11 | 153.1 | 153.3 |
| 중학교 | 1학년 | 161.5 | 0.11 | 161.4 | 161.6 | 157.6 | 0.08 | 157.5 | 157.7 |
| | 2학년 | 167.3 | 0.10 | 167.2 | 167.4 | 159.5 | 0.08 | 159.4 | 159.6 |
| | 3학년 | 170.8 | 0.09 | 170.7 | 170.9 | 160.7 | 0.08 | 160.6 | 160.8 |
| 고등학교 | 1학년 | 172.9 | 0.08 | 172.8 | 173.0 | 161.3 | 0.07 | 161.2 | 161.4 |
| | 2학년 | 173.9 | 0.08 | 173.8 | 174.0 | 161.5 | 0.08 | 161.4 | 161.6 |
| | 3학년 | 174.1 | 0.08 | 174.0 | 174.2 | 161.6 | 0.08 | 161.5 | 161.7 |

## 학년별/성별 체중(몸무게)

(단위 : kg)

| 구분 | | 남자 | | | | 여자 | | | |
|---|---|---|---|---|---|---|---|---|---|
| | | 평균몸무게 | 표준오차 | 95% | 신뢰구간 | 평균몸무게 | 표준오차 | 95% | 신뢰구간 |
| 초등학교 | 1학년 | 26.2 | 0.10 | 26.1 | 26.3 | 24.6 | 0.09 | 24.5 | 24.7 |
| | 2학년 | 30.6 | 0.13 | 30.5 | 30.7 | 28.4 | 0.11 | 28.3 | 28.5 |
| | 3학년 | 35.5 | 0.15 | 35.4 | 35.7 | 32.4 | 0.13 | 32.3 | 32.5 |
| | 4학년 | 40.5 | 0.18 | 40.3 | 40.7 | 37.2 | 0.15 | 37.1 | 37.4 |
| | 5학년 | 46.0 | 0.20 | 45.8 | 46.2 | 43.1 | 0.18 | 42.9 | 43.3 |
| | 6학년 | 52.1 | 0.23 | 51.9 | 52.3 | 47.6 | 0.19 | 47.4 | 47.8 |
| 중학교 | 1학년 | 58.8 | 0.21 | 58.6 | 59.0 | 51.3 | 0.15 | 51.2 | 51.5 |
| | 2학년 | 63.7 | 0.22 | 63.5 | 63.9 | 53.6 | 0.15 | 53.5 | 53.8 |
| | 3학년 | 67.5 | 0.23 | 67.3 | 67.7 | 55.3 | 0.16 | 55.1 | 55.5 |
| 고등학교 | 1학년 | 69.8 | 0.20 | 69.6 | 70.0 | 56.8 | 0.15 | 56.7 | 57.0 |
| | 2학년 | 71.5 | 0.21 | 71.3 | 71.7 | 57.8 | 0.16 | 57.6 | 58.0 |
| | 3학년 | 71.5 | 0.19 | 71.3 | 71.7 | 58.2 | 0.16 | 58.0 | 58.4 |

최근 교육부가 발표한 '학생 건강검사 표본통계 분석 결과'를 보면, 학년별 키 차이를 확인할 수 있다. 이 자료를 보면, 딸들은 4학년에서 5학년으로 갈 때(만10~11세), 7.2cm가 자라서 제일 많이 크고, 아들들은 6학년에서 중학교 1학년으로 갈 때(만12~13세) 7.9cm가 자라서 제일 많이 크는 것으로 나타났다. 표에서 보듯이 딸들은 중학교에 들어가서는 매해 1~2cm 정도만 자라 총 3년간 4cm밖에 자라지 않았다. 고등학교에 들어가서는 키 변화가 거의 없었다. 아들들은 중학교 총 3년간 11~12cm를 자랐고, 고등학교에 들어가서는 마찬가지로 1~2cm 남짓 자라고는 이후에 키 변화는 거의 없었다.

표로 확인하니 예상보다 아이들이 빨리, 많이 자라지 않는 것 같지 않은가? 과거의 부모님 시절을 연상하면서 느긋하게 '키 클 시간은 충분해. 고등학교 들어가서 많이 클 거야'라고 생각한다면 큰 착각이다. 이 표에 해당하는 성장 수치는 최근 10년간 큰 차이가 없었다.

### "요즘 아이들 정말 키가 크더라고요"

아이들이 다니는 학교에 행사가 있어 찾아가 보면 유독 키 큰 아이들이 눈에 띈다. 부모라면 누구나 어쩔 수 없이 시선이 절로 키 큰 아이들에게 향한다. 그래서일까? 부모님들은 요즘 아이들의 평균 키가 아주 클 것으로 생각한다. 예상과 달리, 아들들의 최종 평균 키는 174.1cm이고, 딸들의 최종 평균키는 161.6cm 정도다.

부모가 키 큰 아이에게 시선을 빼앗기는 이유를 생각해보자. 내 아이가 저렇게 크길 바라는 마음에 부러워서 눈길이 가는 게 아니겠는가. 마찬가지로, 아이들이 원하는 키 또한 현실과 다소 격차가 벌어진다. 아들들은 178cm 이상, 딸들은 165cm 이상으로 크길 바란다.

이제 생각해볼 일이다. 부모와 아이들의 키에 대한 기대치는 높고, 성장하는 시간은 생각보다 길지 않다.

나의 아이가 초등학교에 들어갔다면, 지금이 키를 잘 키울 최선의 시간이다. 7세 전 아이의 모습을 떠올려보자. 떼쓰기의 달인이자 고집불통에 자신의 말이 곧 법인 왕과 왕비가 따로 없지 않았는가. 그 시절에 내가 제일 무서워하던 말은 "엄마, 이리로 와봐!"였다. 나는 밥을 먹다가도 아이가 내 옷을 잡고 놀이방으로 끌고 가면, 말이 안 통하니 따라가야 했다. 아이를 따라가면, 같이 놀면서 아이가 놀이하는 것을 계속 옆에서 지켜봐야 했다. 내가 아이가 놀이하는 것을 안 보거나 딴생각을 하면, 아이는 귀신같이 알아채곤 서운해서 화를 냈다. 그렇게 30~40분을 지켜보다 보면 칭찬과 감탄사도 바닥이 나고 기운마저 덩달아 바닥이 났다. 지금도 막내가 올해 7살이라 "엄마, 이리로 와봐" 하면 웃으며 간다. "난 그 말이 제일 무서워"라고 말하면서.

그러다 초등 시기로 접어들면 아이와의 의사소통이 확연히 편안해진다. 초등 시기의 아이들은 발달 단계상 의존기(0세~12개월)와 반항기(18~36개월), 그리고 무법자 시기(48~60개월)를 모두 지난 상태다. 스스로 충동을 조절할 수 있어 무작정 고집을 부리지 않는다. 자신의 욕구와 감정도 잘 표현한다. 양치질부터, 옷 입고 자기 물건 챙기는 것까지 일상생활 속의 소소한 일들을 혼자서 해낸다. 그뿐만 아니라 아이들은 부모의 지시를 비교적 잘 따라 준다. 덕분에 부모는 체력적으로 다소 여유를 회복할 수 있게 된다.

이 황금 같은 시기를 놓치지 않아야 한다. 초등학교 6년을 졸업할 무렵이면, 딸들의 키는 거의 확정된 상태이며, 아들들의 키는 80% 정도 확정된 상태다. 물론, 키가 크는 방식은 분명히 아이마다 차이가 있다. 일찍 크고 일찍 멈춰 결국에는 또래보다 키가 작은 경우, 태어나면서 줄곧 작은 키로 계속 지내다가 결국 작은 키로 성장이 마무리되는 경우도 있다. 또는 태어나서 계속 평균 키를 유지하다가 최종 키도 평균 수준인 경우도 있다. 그와 달리 크게 태어나서 꾸준히 계속 잘 자라고 성장이 멈추는 시기마저 늦어서 키가 아주 큰 경우도 있다. 이렇듯 키가 크는 방식은 꽤 다양하다.

그렇기 때문에 부모가 눈여겨봐야 할 것은 아이가 성인이 되었을 때의 최종 키다. 이를 위해서는 현재 아이가 작다고 해서 실망할 일도 아니지만, 또래 아이들보다 크다고 해서 안심할 일도 아니다. 우선, 초등학교 입학 시기에 뼈나이 검사를 한번 해보길 권한다.

## "뼈나이가 뭔가요?"

아이의 키 성장과 관련해서 '의미 있는 나이'에는 2가지가 있다.

첫째, 역연령(Chronological age: CA)이다. 보통 우리가 말하는 태어난 이후 경과한 연수를 말한다. 말 그대로 '실제 나이'를 의미한다.

둘째, 골연령(Bone age: BA)이다. 보통 우리가 '뼈나이'라고 말하는 것이다. 이를 통해 아이가 빠르게 자라고 있는지, 느리게 자라고 있는지를 알 수 있다. 예를 들어, 역연령(CA)인 실제 나이는 10세인데 골연령(BA)은 12세라면 2년 정도 빨리 자라고 있는 것이다. 그래서 그런 아이의 경우, 10세 아이들의 키와 비교해서는 안 되고, 12세 아이들의 키와 비교해서 최종 예상키를 고려해야 한다.

## 간단히 뼈나이 검사와 상담만으로도 어느 정도 알 수 있다

뼈나이(성장판) x-ray 검사를 통해 성장판이 열려 있는 정도를 확인한다. 뼈사진을 찍어 성장판이 열려 있는 양상을 보면 아이가 얼마만큼 자랄 수 있는지 예측할 수 있다. 물론, 앞서 언급한 것처럼 아이의 나이가 어릴수록 오차범위는 커진다.

뼈나이가 실제 나이보다 1년 이상 느리면 늦게 자라는 아이이므로 성장할 시간이 또래 아이들보다 더 여유가 있다. 키가 많이 작은 경우가 아니라면 건강과 생활을 잘 관리하면서 기다려보면 된다. 그렇지만 뼈나이가 1년 이상 빠른 경우는 주의가 필요하다. 빨리 자라고 있음에도 또래보다 충분히 크지 않다면 최종적으로 키가 작을 수 있기 때문이다.

만약, 뼈나이(BA)가 실제 나이(CA)보다 2~3년 이상 너무 늦거나, 너무 빠르다면 추가적인 혈액 검사와 소변 검사, 입원 검사 등을 통해 질환 유무를 확인해야 한다. 적은 비율이기는 하나 성장호르몬 결핍증이나 기타 유전자 이상 질환, 내분비계 이상 질환인 경우도 드물게 있기 때문이다.

## 초등 시기, 6년에 집중하라

초등 시기 6년은 키 성장에 있어서는 너무나 중요한 시기다. 특히 딸들은 요즘 중학교 가기 전에 거의 다 자라기 때문이다. 아들의 경우도 빨리 자라는 아이들은 4~5학년부터 사춘기에 들어가기도 한다. 키 성장을 위해 반드시 챙겨야 하는 것이 3가지 있다. 수면, 영양, 운동이다. 더불어 아이를 힘들게 하는 소화기 증상이나, 알레르기, 면역, 체력, 기타 증상들이 있다면 이런 부분은 빨리 치료해주어야 한다. 초등학교 입학 시기에 맞춰 아이들의 뼈나이 검사도 해보면 좋겠다. 시력, 치아 검진처럼 말이다. 뭐든지 서둘러 살피고 챙기면 시간이 흘러가도 여유가 있지 않던가. 키 성장에도 유비무환을 강조하고 싶다.

# 05

# 초등 시기,
# 매년 6cm는 커야 한다

180
170
160
150
140
130
120
100

키가 139cm이고, 체중이 37kg인 윤호는 초등학교 5학년이었다. 윤호는 키가 또래 표준보다 10cm가 작았다. 초등학교 입학 후 매년 3~4cm 남짓 컸다. 초등 고학년으로 올라간 작은 체구의 아들이 걱정된 엄마는 나의 성장클리닉을 찾아왔다. 내 딸이 같은 학년이라 그 또래의 남자친구들과 만날 기회가 많았던 나는 윤호가 친숙하게 느껴졌다. 그래서 생활과 건강에 관련한 질문들을 하면서 편하게 이야기를 나누었다. 그런데 그 또래 아이들에 비해 윤호의 행동이 약간 달라 보였다. 얼굴은 어린 데 반해 말투나 행동이 중학생을 대하는 느낌을 주었다.

허세가 묻어나는 자세로 앉아서는 '다 그런 거죠 뭐' 하는 식의 말투가 참 생경한 느낌이었다. 더군다나 윤호는 빨리 자라고 있는 아이도 아니었다. 뼈나이가 느린 편이라 클 수 있는 시간적인 여유가 충분했다. 윤호와의 상담 후, 윤호를 진료실에서 내보내고 엄마와 따로 이야기를 나누었다.

"윤호가 키가 작다 보니, 일부러 센 척해요. 큰 애들 흉내 내듯 말하는 게 안쓰럽기도 해요."

"남자아이들은 이빨이 날카로운 상어 같은 유전자를 지닌 채 태어난다. 이들은 자신의 강함을 증명하고 싶어 한다. 그래야 존재를 인정받는다는 왜곡된 생각을 갖고 있기도 하다. (중략) 이빨이 날카로운 상어는 엄마의 금붕어가 되라는 말이 와닿지 않는다. 나는 남자아이들은 상어로 태어나 고래로 자라야 한다고 생각한다."

최민준 작가의 《아들 때문에 미쳐버릴 같은 엄마들에게》에 나오는 내용의 일부다.

아들들은 태어날 때부터 딸들과 다르다. 엄마의 배 속에 있을 때 아들들은 테스토스테론이라는 남성 호르몬으로 샤워를 하게 된다. 본래 이 호르몬 자체가 공격성, 활동성을 강화시킨다. 우리 둘째 아이가 갓난아기였을 때가 생각난다. 갓 태어난 아기에게서 일명, 아저씨 냄새라 할 만한 남성 호르몬 냄새가 많이 났다. 그때를 떠올리면 색다른 경험이라 웃음이 절로 난다. 그 독특한 냄새는 태어나고 한 달이 지나자 거의 사라졌다. 유난히 우리 둘째 아이는 테스토스테론의 샤워를 제대로 한 모양인 듯싶었다. 그래서일까, 어릴 때부터 남자아이답게 물고기, 총, 배와 같은 사물을 좋아했다. 목소리

또한 굵고 큰 편이라 공공장소에서 작게 말하도록 타일러야 했다.

이러한 공격성과 남성성을 자연적으로 장착한 남자아이들 속에서 체격이 작은 윤호는 어떻게 자신을 지켜내고 드러냈을까? 아마도 목도리도마뱀처럼 자기 몸을 부풀리듯 허세를 부리는 전략을 선택한 듯했다. 하루 6시간 이상 또래 아이들과 부대끼는 속에서 윤호가 선택한 전략이 나는 조금 안쓰러웠다. 허세라도 부리는 것이 윤호에겐 최선이었으리라.

그래서 나는 윤호에게 설명해주었다.

"윤호야, 너는 키가 늦게 클 아이란다. 초등학생 시기가 지나면 네가 더 많이 자랄 거야. 그런데 친구들은 그걸 모르겠지? 중학교 가면 놀라게 해주자. 네가 중학생이 되면 지금 키가 큰 친구들보다 더 클 수 있어. 그런데 기다려야 해. 참고 노력도 해야 해. 할 수 있겠니?"

"네."

윤호는 소화 기능도 약했고 잠도 깊이 못 잤다. 그런 부분을 개선하는 체질 맞춤 성장탕을 처방해 좋아지도록 해주었다. 식습관에 관해서는 납득할 수 있도록 설명해주어 윤호가 스스로 편식을 개선하도록 이끌었다. 다행히 윤호는 크고 싶은 욕구가 강했고, 그만큼 생활을 바꾸어나가는 데 협조적이었다. 결과적으로, 윤호는 그 해에 8cm가 자랐고, 다음 해부터 사춘기에 접어들면서 키가 매달 1cm씩 자랐다.

나는 새 학기가 시작되는 3월이면 많이 바빠진다. 많은 엄마들이 방학을 끝내고 새 학년이 되어 만나는 주변 친구들의 키가 자라 있음을 보고 그냥 있어서는 안될 것 같아서 성장클리닉을 찾아오기 때문이다. 초등학교를 들어가면 딸들은 이후 3년 반 정도 지난 4학년 무렵에 사춘기에 들어간다. 반면, 아들들은 5년 반 정도 지난 6학년 무렵에 사춘기에 들어간다. 사춘기 전에 어느 정도 따라잡기 성장 (Catch-up growth)을 해두지 않으면 키 클 수 있는 시간은 2~3년 이내로 남게 된다.

한 학년이 올라가면 지성과 감성, 체력과 더불어 키도 그만큼 자라 주어야 한다. 그렇지 못하면 체격이 상대적으로 작아지고 더불어 체력도 밀리게 된다. 그럼 다른 아이들과 발맞춰서 해야 할 학업과 운동에서 뒤처지게 되어 힘겨워진다. 체격이 큰 아이들이 아무래도 체력이 좋다. 공부는 물론, 운동 또한 체력이 뒷받침되어야 수월하게 해나갈 수 있음은 두말하면 잔소리다.

초등 시기에 아이들을 잘 키우기 위해선 방학을 적극적으로 활용해야 한다. 나는 사교육에 그리 열을 올리는 편은 아니다. 그래도 어학은 필수이니 영어학원은 보내고, 수학은 기본이 중요하니 수학학원도 챙겨 보낸다. 운동은 체력의 기본이니 늘 깔아두어야 한다. 이 정도임에도 하루 1~2개 이상의 학원이 아이의 스케줄에 늘 포함된다. 거기에 방과 후 특별활동까지 더해지면 생각보다 아이의 하루가 바쁘다. 집밥 먹일 틈은 저녁 한 끼가 고작이다. 아침은 바쁘니 간단히 먹기 일쑤니 말이다.

고학년이 된 첫째 아이는 생각보다 숙제가 많아져 11시를 넘겨 자는 날도 늘어났다. 한 번씩 '그다지 시키는 게 없는데도 아이의 하루가 왜 이리 바쁘지?' 하며 의문스러울 정도다. 그나마 방학 1~2개월은 아이가 충분히 쉬면서 집밥과 영양가 있는 간식을 먹을 수 있는 소중한 시간이다. 스트레스도 적고 학업 스케줄도 다소 느슨한 편이다. 이때를 놓치지 않고 챙겨야 한다.

초등 시기 아이들과 상담하다 보면 아침은 굶고 나가고, 점심은 급식이라 골라 먹고, 간식은 학원 사이에 편의점에서 젤리, 과자로 때우고, 저녁에 집에 오면 집밥 한 끼 먹는 경우가 많았다. 학원을 돌면서 과자, 라면 같은 간식을 많이 먹은 경우엔 저녁밥마저 적게 먹는 아이도 많았다. 이렇게 해서 어떻게 아이가 잘 자랄 수 있을까 걱정스럽다. 수십 년 전에 비해 토양의 질도 떨어져서 채소, 과일의 미네랄 양도 과거에 비해 절반으로 줄었다는데 말이다.

방학 동안만이라도 9시간씩 잠을 푹 자게 해야 한다. 영양가 있는 고구마, 감자, 과일, 견과류, 삶은 달걀 등의 천연 간식을 먹이고 끼니때마다 색깔 다양한 채소 반찬과 두부, 생선, 고기 등의 고른 식단을 먹여야 할 것이다. 질 좋은 반찬가게를 찾아 사 먹여도 좋다. 영양을 신경 써서 챙겨 먹이는 것은 성장에 너무나 중요하다.

운동할 시간도 방학이면 더 여유롭다. 주 3회 이상 꾸준히 갈 수 있는 종목을 정해서 1~2개월 만이라도 집중해서 보내길 권한다. 이렇게 방학 기간 동안 영양, 휴식, 운동이라는 측면이 보강된다면 매년 커야 할 키 이상을 키우기가 더 쉬워질 것이다.

## 초등 시기, 매년 6cm는 커야 한다

초등 시기의 아이들은 새로운 지적·사회적·육체적 능력을 발전시키며 친구들과 사회적 친밀감을 형성할 수 있게 된다. 사고의 폭이 한층 넓어지고 이해력도 높아지며 다양한 과외 활동을 통해 예체능을 연마하기도 한다. 이 시기에 부모의 역할은 굉장히 축소된다. 직접적인 관심을 두기보다 아이의 행동과 말에 귀 기울이는 청중의 역할을 맡게 되는 것이다.

초등 시기의 아이들은 점점 또래의 시선과 평가에 민감해진다. 너무 작거나 약한 체격은 아이의 정체성과 자존감에 상처를 입히기도 한다. "뚱뚱해", "땅꼬마", "귀여워"와 같은 또래의 평가는 내적 상처가 되어 수년간 아이를 위축시킬 수 있다. 이후 키를 따라잡지 못한다면 평생의 콤플렉스가 될 수도 있다. 사춘기 전에 '따라잡기 성장'

을 해놓아야 한다. 한 번에 못 따라잡기 때문이다.

 '언젠가 크겠지' 하는 막연한 기대는 초등 시기에는 더 이상 통하지 않는다. 매년 일정하게 자라서 시기별 학업과 기타 활동을 성취해 갈 수 있도록 성장을 도와주어야 한다. 동시에 부모인 우리는 지혜로운 청중이면서 애정 어린 조력자가 되어 사회적 규칙을 따르면서 원하는 것을 성취해나가는 아이로 키워나가야 할 것이다.

# 06

# 평생의 키가
# 사춘기 때 결정된다

나에게는 중학생 조카가 있다. 그 아이는 어릴 때부터 장난기가 많아 고모인 나를 늘 웃게 했다. 어느덧, 그 아이는 중학생이 되었고 학원 스케줄이 많아졌다. 그래서 명절이 아니면 장시간 함께 지내는 것이 힘들어졌다. 그런데 명절마다 만나는 아이의 모습은 어느 순간 변해 있었다. 비스듬히 의자에 앉아 핸드폰을 보는 시간이 길어지고 말도 이전처럼 많이 하지 않았다. '아, 사춘기라 당연하지' 하면서도 섭섭한 것을 보니 내 마음이 아직 조카아이의 빠른 변화를 따라가지 못하는 듯싶었다. '나는 어땠었지?' 너무 오래 지난 일이긴 하나 중학교 첫 등교 날은 아직도 생생하다.

초등학교 졸업 후 첫 중학교 등교 날, 낯선 새 교복을 입고 집 근처 초등학교가 아닌 걸어서 30분 거리의 중학교로 향했다. 부산은 평지가 적어 학교가 산등성이에 많이 있는 편이다. 내가 입학한 수

영 여중은 경사가 가파르기로 유명했다. 가파른 경사에 헉헉거리며 교복의 행렬을 따라 걷다 보니 학교 정문이 보였다. 교문 위에 철제로 둘러쳐진 글자가 선명히 눈에 들어왔다. '아름다운 여성의 배움터'라고 쓰여 있었다. 그 순간의 이상한 기분이 오롯이 내 뇌리에 남아 있다. '내가 아이가 아니라 여성이었나…' 이런 의구심과 함께.

'사춘기의 특징'을 검색해보면 이런 내용이 나온다. '사춘기를 뜻하는 영어 단어 'puberty'는 성인이라는 의미를 가진 라틴어 'pubertas'에서 유래한다. 사춘기는 청년기를 시작하는 단계로, 생식능력을 획득할 수 있도록 생물학적 변화가 이때 일어난다.'

청년기의 시작을 알리는 사춘기, 시작은 늘 낯설고 힘들다. 내가 그랬듯 사춘기 아이들은 자신의 신체 및 심리 변화가 이상할 것이다. 부모가 '쟤 왜 저러지?' 하고 생각할 때, 아이들도 같은 마음일 것이다. '나 왜 이러지?'라고.

이런 혼란의 와중에 키 성장은 유년기 이래 가장 활발하게 이루어진다. 아들과 딸들의 사춘기 초기 몸의 변화를 한번 짚어보자. 사춘기의 시작 시기는 아이마다 차이가 있다. 빠른 경우도 있고 느린 경우도 있다. 그래서 부모가 잘 챙겨보아야 한다. 딸들은 사춘기에 들어가면 가슴 몽우리의 변화가 먼저 나타난다. 일부 딸들은 음모가 먼저 나기도 한다. 다소 통통한 딸들은 가슴 몽우리가 없이 지나가기도 해서 가슴살인지 이차 성징인지 헷갈린다. 그래서 엄마가 모르고 넘어가는 경우가 많다. 아들들은 고환 색이 진해지면서 음경이 커지고 정수리 냄새가 강해진다. 이런 징후가 보이면 키를 잘 키우기 위해 남은 시간은 고작 딸은 2년, 아들은 3년 이내다.

우리는 아이의 이차 성징을 잘 살펴야 한다.

재헌이는 올해 중학교 1학년에 막 들어간 아이였다. 키는 163cm이고 체중은 48kg으로 다소 마른 체격이었다. 엄마는 아들들은 중학생이 되면 키가 많이 큰다고 들은 터라 내심 기대가 컸다. 그런데 재헌이가 변성기가 오면서 생각보다 키가 잘 자라지 않자, 불안한 마음에 나의 성장클리닉을 찾아왔다.

검사 결과, 재헌이는 급성장기가 어느새 지나가고 완만 성장기로 들어간 상태로, 최종 예상키는 166cm였다. 이 결과를 마주하자 엄마는 아연실색했다. "재헌이가 2년 전에 음모가 보였어요. 그때 D병원에 가서 검사하니, 최종 예상키가 175cm가 나온다며, 키 걱정은 하지 말라고 했어요." 이후 재헌이 엄마는 그 말만 믿고 키에 대해서는 크게 신경 쓰지 않았다고 한다. 재헌이는 고기 위주로 먹고 채소는 잘 먹지 않았다. 고학년이 되면서 활동량이 줄고 폰 사용이 늘어갔다. 그럼에도 이를 개선하기 위한 별다른 노력을 기울이지 않았다.

아이가 키가 자라는 시간은 생각보다 짧다. 부모님이 늦게 컸다고 자녀가 늦게까지 자란다는 보장은 없다. 아이의 키가 중요하지 않다면 상관없지만, 키가 크길 바란다면 아이의 사춘기 징후를 신경 써서 살펴야 한다. 특히, 아들은 딸에 비해 사춘기에 들어갔음을 눈치채기 어렵다. 학원에 다니기 바쁜 아들이 혼자 목욕했고, 말수까지 적었다면 부모가 모르는 사이 사춘기 1~2년은 금방 지나갈 수 있다.

아이의 몸의 변화를 잘 살펴서 사춘기 징후가 보이면 키 성장에 방해가 되는 생활 습관을 바꾸려고 노력해야 한다. 사춘기는 급성장기인데 이 기간은 시작하는 때도, 지속되는 시간도, 아이마다 다르다. 재헌이처럼 급성장기가 1년 반 정도로 짧게 크고 지나가 버리는 경우도 흔하다.

그럼 재헌이가 미리 어떤 노력을 했다면 더 많이, 더 오래 클 수 있었을까? 우선 사춘기가 오는 시기도 가족력을 살펴보아야 한다. 부모의 사춘기가 언제 왔는지 알아두는 것도 중요하다. 부모의 사춘기가 빠른 경우에는 자녀의 사춘기도 빠를 확률이 높다. 내 딸의 경우도 나의 유전 영향으로 초등학교 1학년 입학 시기에 뼈나이를 확인하니 1년 반 정도 빨리 성장하고 있었다.

사춘기가 빨랐던 부모는 아이의 뼈나이 검사를 미리 해보길 권한다. 초등학교 1학년 정도에는 확인해보는 것이 좋다. 엄마가 아이의 키와 체중을 잰 기록이 있고, 식생활과 운동에 관한 기록을 해두었다면 이 또한 유용하다. 운동과 영양적인 결핍 부분을 확인해 원인을 해결하기 쉬워지기 때문이다. 나는 이것을 '키의 누수'가 어디서 생기고 있는지를 찾는다고 설명한다.

성장 기간이 어느 정도 지나 사춘기 징후가 보인다면, 영양과 수면, 운동에 좀 더 관심을 기울이며 잘 키우기 위한 노력에 박차를 가해야 한다. 재헌이처럼 이 시기에 채소 편식이 심하다면 미네랄, 비타민의 결핍과 더불어 섬유질의 공급이 부족해진다. 섬유질이 부족하면 환경호르몬은 물론, 체내 활성산소를 포함한 독소 배출이 어려워진다. 이렇게 혈액이 혼탁해지면 성장판의 골화는 빨라질 수 있고, 성장판이 닫히는 시기는 앞당겨진다.

게다가 스마트폰 사용 시간이 길어지는 것 또한 주의해야 한다. 폰 사용은 숙면을 방해하고 멜라토닌 분비를 억제시킨다. 멜라토닌의 생성은 빛의 영향을 받는다. 스마트폰으로 인한 빛의 자극은 멜라토닌 분비를 억제해 성선 발달을 가속화시켜 성호르몬 분비를 촉진시킨다. 성호르몬 분비가 많을수록 성장판의 골화가 빨라져 키 크는 시간은 줄어든다.

재헌이가 고기와 더불어 채소를 골고루 먹었다면, 9시 이후 폰 사용을 자제했다면, 그리고 하루 30분 이상의 운동을 꾸준히 했다면 어땠을까? 분명 최종 키가 더 클 것임은 자명하다.

"애들이 말을 들어야 말이죠?"

사춘기가 온 아들과 딸은 말없이 폰만 만지작거리고 있고, 그것을 보는 부모님은 아이의 못마땅한 생활 습관에 분통을 터뜨린다. 성장 클리닉 상담 시기가 되면 자주 마주하는 광경이다. 한번 생각해보자. 누군가 내 습관을 비난한다면 나는 어떻게 반응할까? 그 비난을 인정하고 받아들여서 내 습관을 바로잡는 자양분으로 삼을까? 만약 비난하는 사람과의 관계가 좋다면 숙연히 받아들일 수도 있을 것이다. 하지만 평소 나와의 관계가 좋지 않았다면, 비난의 내용을 받아들이기는커녕 상대를 더 싫어하고 급기야 인연을 끊고 싶어질 수도 있다.

심리학자 메러비안(Albert Mehrabian)에 따르면, 개인 간의 의사소통에서 영향을 미치는 요소는 표정, 제스처, 목소리 톤, 억양 등 비언어적인 요소가 90% 이상을 차지한다. 정작 말의 내용과 같은 언어적 요소의 영향은 7%밖에 안 된다고 한다. 부모가 경직된 표정으로 아이의 습관을 공격적으로 비난한다면, 아이는 좋은 의도와는 달리 청개구리처럼 반응할 것이다.

그러므로 어린 시절처럼 일방적인 잔소리와 지시는 반감만 사고 오히려 역효과를 불러올 것이다. 사춘기 아이와 대화를 나누기 위해 필요한 것은 '듣는 마음'이지, '판단하는 마음'이 아니다. 그러기 위해서는 미리 머릿속을 비우고 아무 편견 없이 아이의 말을 '아무렴.

그럴 수 있지!' 하는 태도로 들어야 한다. 그리고 짧게 필요한 조언과 정보를 반복해서 주어야 한다. 선택의 결과는 아이의 몫임을 애정 어린 무심함으로 넌지시 알려주는 것이 최선일 듯하다.

사춘기는 마지막 급성장기다. 평생의 키가 사춘기에 거의 결정된다. 사춘기 징후를 잘 살피고 있다가 다음에 해당하는 증상이 보이면 성장판 검사를 해보길 권한다.

사춘기가 맞다면, 아이에게 이제 키 클 시간이 길지 않음을 알려주고 잘 클 수 있는 방법을 서로 의논하면 좋을 듯하다. 부모가 아이가 어릴 때처럼 사사건건 관심을 쏟으면 사춘기 아이는 뒤로 물러설 것이다. 사춘기는 부모에게 의존하고 싶은 마음과 자발성 사이에서 혼란을 겪는 시기다. 독립적이고 싶은 욕구가 강해지지만 실상 자신을 믿지 못해 불안하다. 성정체성도 확립되지 않아 혼란스럽다. 이러한 시기적 특징을 이해하는 것이 중요하다.

## 딸의 사춘기 징후

- ☑ 가슴 몽우리가 잡힌다.
- ☑ 가슴이 간지럽거나 스치면 아프다.
- ☑ 피지가 분비되고 여드름이 생긴다.
- ☑ 정수리 냄새가 나기 시작한다.
- ☑ 음모나 액모가 난다.
- ☑ 냉 같은 분비물이 있다.

## 아들의 사춘기 징후

- ☑ 고환이 커지고 색이 진해진다.
- ☑ 음경이 굵어지고 길어진다.
- ☑ 피지가 분비되고 여드름이 생긴다.
- ☑ 정수리 냄새와 땀 냄새가 나기 시작한다.
- ☑ 음모나 액모가 난다.
- ☑ 목젖이 나오고 변성기가 온다.

180
170
160
150
140
130
120
100

## 07

# 영양의 균형이
# 성장에 중요하다

"내가 먹은 음식이 곧 내가 된다."

"음식은 몸을 바꾸고 영혼까지 바꾼다."

우리는 엄마의 젖을 뗀 이후 평생 동안 음식을 먹고 산다. 그런데 음식과 영양에 대한 공부를 한 번도 한 적이 없다. 초등 6년, 중고등 6년, 대학 4년 동안 영양에 대해 제대로 된 공부를 한 적이 있었던 가. 의대에서도 마찬가지다. 영양학에 대한 교육은 거의 이루어지지 않는다. 그래서 의사들은 음식과 영양에 대해서는 잘 알지 못한다.

그럼에도 아이를 키우는 엄마는 소아과 의사에게 종종 음식에 대 해 질문하는 우를 범한다. 의료는 제약회사가 주도하는 과학에 의해 움직인다. 의료는 '산업'이기 때문이다. 그러나 '예방'이나 '영양'은 산업이 될 수 없다.

올바른 영양 공급을 통해 우리 아이들을 제대로 키우려면 부모인 우리가 알아서 공부해나가야 한다.

성장기에 영양이 부족하면 어떤 일이 발생할까?

비타민, 미네랄을 포함한 각종 영양의 부족은 호르몬 및 신호 분자의 분비와 작용에 영향을 주어 성장 발달을 지연시킨다. 또한 에너지 부족으로 이어져 신체의 활동성을 떨어뜨리고 뇌신경과 시신경 발달에도 지장을 준다.

쉽게 말해, 아이가 골고루 제대로 안 먹으면 키도 작을 수 있고, 학습 시 집중력도 떨어지고 눈도 쉽게 나빠질 수 있다는 말이다. 아이들은 성장에 필요한 영양소가 1~2가지만 부족해도 여러 가지 면에서 문제가 나타나니 주의가 필요하다.

얼마 전, 9세 동진이는 심한 철분 결핍 진단을 받았다. 동진이의 형이 나와 함께 성장클리닉을 진행하고 있었다. 그러다 보니 나는 자연스레 동생인 동진이 또한 자주 보게 되었다. 동진이의 부모님은 "밥 양이 많고 뭐든지 잘 먹는 아이인데 철분 결핍이라니…"라며 의아해했다.

나는 달걀 노른자, 깻잎, 굴, 고등어, 마늘, 견과류, 해조류 등의 철분이 많은 음식을 안내해드렸다. 동진이 부모님이 놀라시면서 동진이가 다 싫어하는 식재료라고 했다. 특히 달걀은 전혀 안 먹는다고 하셨다. 그때 확실히 느꼈다. '언제 어떤 영양소가 부족할지 모르니 최대한 골고루 먹이는 것이 답이겠구나' 하고 말이다.

그런데 부모인 우리가 아무리 먹이고 싶어도 아이가 채소나 과일을 안 먹으면 어떻게 해야 할까? 아이가 아직 유아나 초등 저학년이라면 안 먹는 식재료를 노출하는 것부터 시작해야 한다. 처음에는 싫어하는 채소를 최소 8번 정도 눈으로 보면서 익숙해지게 해야 한다. 식습관은 하루아침에 고쳐지지 않는다. 반복해서 노출하면서 인내심을 발휘해 꾸준히 식습관을 잡아나가야 한다.

푸드브리지(food bridge) 같은 재료를 이용해 단계별로 싫어하는 음식을 친숙하게 만들어주는 것도 좋을 것이다. 푸드브리지 1단계는 싫어하는 재료를 놀이도구나 식기로 활용해 시각적으로 친숙하게 만드는 것이다. 아이가 안 먹고 결국 버리게 되더라도 친해지는 데 주안점을 두는 것이다. 일례로 파프리카와 브로콜리를 안 먹는 아이라면, 파프리카 그릇에 계란물을 넣어 찌거나 브로콜리로 각종 음식을 장식하는 놀이를 생각해볼 수 있겠다.

2단계는 재료를 알아볼 수 없게 갈아서 국물이나 반죽에 넣는 것이다. 3단계는 골라내기 힘들도록 다른 재료와 섞어서 줘보는 것이다. 싫어하는 식재료를 잘게 썰어 완자나 달걀말이 등에 넣어주면 괜찮을 것이다. 이렇게 싫어하는 음식 비율을 5%에서 10%, 90%로 점차 늘려가면서 친하게 만들면, 싫어하는 음식을 좋아하게 되기도 한다.

아이가 어릴 때는 집밥을 먹는 빈도가 높아 잘 챙겨주면서 영양을 관리하기가 오히려 쉽다. 그런데 아이가 초등 고학년으로 올라가면 학원 수업이 많아지면서 편의점이나 동네 분식집에서 먹거리를 해결하는 일이 많아진다. 자주 먹는 음식이 어묵, 꼬지, 컵라면, 패스트 푸드가 되어버리는 것이다. 이후 집에 와서는 저녁을 제대로 안 먹게 되면서 영양의 불균형이 일어나는 일이 많아진다.

"뭐라도 먹는 게 낫지, 싶어서 그냥 먹으라고 합니다."
상담 중 참 많이 듣는 말이다. 아무거나 먹다가는 아무렇게나 자랄 수 있다. 제대로 된 식사의 중요성은 아무리 강조해도 지나치지 않다. 우리 몸은 60조 개 이상의 세포로 이루어져 있다. 세포는 수분과 단백질을 비롯한 여러 가지 영양소로 이루어진다. 이러한 구성 요소가 제대로 공급되지 않으면 부실한 세포가 되는 것이다. 세포의 재생 주기를 살펴보면, 내장 세포는 빠르면 2시간 30분에서, 늦으면 7일 정도면 새로 다 바뀐다. 손톱, 발톱은 6개월 정도면 다 바뀌고 신경세포와 뼈조직은 7년 정도면 새롭게 다 바뀐다. 여기에 아이들은 성장과 발달이라는 중요한 과정이 포함된다.

아이들이 자주 접하는 편의점 음식에 가득한 풍미증진제로 알려진 MSG와 아스파탐에 대한 이야기를 할까 한다. 이 식품첨가물이 신경독소로 작용한다는 연구가 있다. 나는 한방 성장클리닉으로 한 해에 수백 명의 아이를 만난다. 또, 집에 가면 세 아이를 책임지는 엄마이기에 유난히 신경 쓰이는 대목이다. 아스파탐 섭취가 많을수록 공간인식 능력 저하, 기억력 저하, 우울감 발생 등 뇌 기능에 전반적으로 부정적인 영향을 줄 가능성이 있다는 내용이었다. 이 풍미증진제에 대해서는 논란이 많으나 인공감미료이므로 최대한 덜 먹이는 것이 맞겠다.

〈MBC 스페셜〉을 통해 방송된 영국의 친햄파크 초등학교 사례도 살펴봄 직하다. 이는 음식을 바꾸면 아이들이 어떻게 달라지는지를 보여주는 대표적인 사례다. 전국 최하위권 학교인 친햄파크 초등학교는 학교급식을 정제하지 않은 곡물, 제철과일과 채소로 바꾸고 가공식품과 간식을 금지시켰다. 그렇게 2년이 지난 후 학생들의 영어 평균점수가 19점에서 79점으로 상승했고, 말썽 많고 폭력성 짙은 아이들이 모범생으로 바뀌었다는 내용이었다. 이와 유사한 사례는 우리나라에서도 있었다. 이렇듯 아이의 키 성장과 뇌 발달, 정서 발달, 체력, 면역을 위해서 다양한 제철 채소와 과일, 적당한 고기와 유제품, 통곡물을 골고루 먹여야 함은 아무리 강조해도 지나치지 않다.

그러면 아이와의 식탁 전쟁에서 승리하기 위해 부모인 우리의 태도를 한 번 더 점검해보자. 우선, 밥맛을 알려주기 위해서는 간식을 끊어야 한다. 과자, 음료수는 식품첨가물과 인공색소, 녹말 위주의

음식이라 간의 해독기능에 부담을 일으킨다. 성장호르몬의 자극으로 키 성장인자인 IGF-1을 제일 많이 생산하는 기관이 간이다. IGF-1은 키 성장에서 행동대장과 같은 역할을 하므로 잘 자라기 위해서는 간에 부담을 주는 간식을 최대한 피하는 것이 좋다. 이런 간식을 끊으면 아이들이 밥과 과일, 천연음식을 많이 먹어도 오히려 뱃살이 빠지고 키는 더 잘 자라는 경우를 나는 자주 보았다.

뭐라도 먹이고 싶은 애타는 마음은 나도 엄마라 충분히 공감한다. 밥을 준비하는 시간에 아이가 배고픔을 못 참으면 과자나 빵보다는 차라리 식전 과일을 좀 먹이면 좋다. 과일은 소화 흡수가 빠르기 때문이다. 3~4시간 굶고 먹는 밥맛은 꽤 좋다. 이렇게 밥 먹는 재미를 아이가 느낄 수 있도록 해야 한다.

"밥 먹고 나면 젤리 줄게", "밥 먹고 나면 과자 줄게" 하는 식으로 보상을 주는 것도 피하는 것이 좋다. 음식은 자신을 위해 당연히 스스로 맛있게 먹는 것이어야 한다. '맛있다'는 느낌을 엄마의 표정과 말로 전하며 아이와 음식 먹는 즐거움을 함께 나누는 일이 많아지면 아이의 밥맛이 좋아질 수 있다.

"밥을 지지리도 안 먹어요!" 밥 안 먹는 아이를 둔 엄마의 찌푸려진 표정 하나하나가 생생하게 말해준다. 아이를 낳아 키우는 기간 동안 음식을 먹일 때마다 얼마나 애타고 속상하고 수고로웠는지를.

밥 안 먹는 아이는 두 부류가 있다. 안 먹는 아이와 못 먹는 아이다.

나는 엄마에게 질문한다.

"○○이가 좋아하는 음식은 뭔가요?"

"국수요. 그건 한 그릇 다 먹어요."

"과자는 두 봉지도 먹어요."

이런 경우는 '밥 안 먹는 아이'다. 식습관을 잘못 들인 것이다. 아이들은 간식으로 당분이 채워지면 배부르다고 느낀다. 밥을 안 먹고도 연명할 수 있다.

이런 아이들은 앞에서 설명한 대로 간식을 끊고 주식에 집중할 수 있도록 환경을 만들어주어야 한다. 반면, 좋아하는 음식도 없을뿐더러 그나마 있다 하더라도 조금 먹으면 배불러서 안 먹는 아이도 있다. 이런 아이는 '밥 못 먹는 아이'다. 비위가 약한 아이로 한방적인 치료를 통해 영양흡수를 도와주어야 하는 경우다.

## 사람이 음식을 만들고 음식이 사람을 만든다

깨끗한 음식과 다양한 영양소는 키 성장과 각종 발달에 너무나 중요하다. 내 아이가 아직 어리다면 이유식부터 다양한 채소를 섞어 다양한 질감과 맛에 익숙해지게 해보자. 좀 더 컸다면 음식 만들기 놀이와 단계별 접근을 통해 지속해서 특정 식재료에 대한 거부를 없애보자. 내 아이가 초등학생 이상이라면 인스턴트 음식을 피하면서 다양한 한식과 천연재료로 만든 간식을 좀 더 챙겨 먹여야 한다.

부모는 아이가 안 먹으면 너무나 애가 탄다. 하지만 너무 끌려다니기보다는 적당한 밀당으로 식탁의 기선을 잡아야 할 것이다. 참으로 부모의 지구력이 필요한 대목이 아닐 수 없다. 힘들더라도 먹는 것만 먹이다가는 '편식왕'이 되어 자주 아프거나 마르거나 뚱뚱하거나 키가 애매한 수준에 그칠 수 있음을 명심하자.

# CHAPTER 4

# 내 아이 10cm 더 키우는
# 7가지 비법

# 아이들은
# 잘 때 큰다

180

170

160

150

140

130

120

100

"잠잘 시간이 되면, 꼭 소리를 질러야 잠을 잡니다."

많은 부모님들이 하는 하소연이다. 우리 집도 마찬가지다. 아직 유치원생인 막내는 일찍 자지만 초등학생인 첫째와 둘째는 늦은 밤에도 잘 기색이 없다. "이제 자야지"라고 말하면 아이들은 그제야 해야 할 숙제가 생각나고, 챙겨야 할 준비물이 떠오른다. 갑자기 책도 읽고 싶어진다니 신기할 따름이다.

이렇게 안 자려고 하는데 안 재워도 될까? 절대 아니다. 키 성장을 위해 중요한 요인은 수면, 영양, 운동으로 요약할 수 있는데, 그중 1순위는 잠이다. 나는 유전 키가 큼에도 잠을 푹 못 자서 키가 작고 몸이 약한 아이를 너무나 많이 보았다. 키 성장을 위해 수면의 중요성은 아무리 강조해도 지나치지 않다. '잠이 보약'이란 말은 그냥 하는 말이 아니다. 성장호르몬의 75%는 자는 동안 분비된다. 잠을 자는 동안 면역력이 상승하고 세포의 재생도 이루어진다.

그럼, 늦게 자더라도 많이만 자면 되는 걸까? 다양한 연구들이 있는데, 대체로 10시부터 2시 사이에 성장호르몬 분비가 왕성한 것으로 나타났다. 성장호르몬이 새벽에도 파도치듯이 분비되나 초저녁에 비해서는 분비량이 확연히 감소했다. 밤낮이 뒤바뀐 생활을 수년간 했다고 하더라도 성장호르몬 분비 곡선은 뒤바뀌지 않았다.

잠자리에 드는 시간과 성장호르몬 분비와의 관계

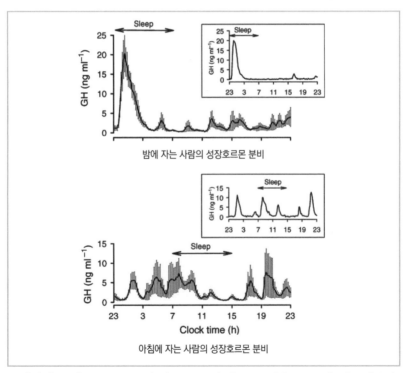

밤에 자는 사람의 성장호르몬 분비

아침에 자는 사람의 성장호르몬 분비

출처 : https://www.quora.com/Is-there-a-certain-time-growth-hormones-is-released-Or-it-will-be-released-once-you-sleep

성장호르몬은 잠이 깊이 들었을 때 많이 분비된다. 수면은 주로 비렘수면(Non-Rapid Eye Movement Sleep)과 렘수면(Rapid Eye Movement Sleep) 2가지 주요 단계로 나누어진다.

비렘수면은 1단계부터 3단계로 구분된다. 3단계가 가장 깊은 수면 단계로 뇌파가 매우 느려지고 꿈을 꾸기도 하지만, 렘수면에 비해서 활발하지 않다. 깊은 수면 상태로 들어가면 성장호르몬 분비가 한층 활발해진다. 그러면 아이의 몸은 낮 동안 흡수해 쌓아둔 영양소를 원료로 열심히 근육을 키우고 뼈를 길고 두껍게 만든다.

수면은 이러한 1단계부터 3단계의 비렘수면과 렘수면을 번갈아 가며 여러 번 반복한다. 이러한 수면 단계의 조절은 아이의 성장과 체력 회복에 중요한 역할을 한다.

### 수면 중 성장호르몬

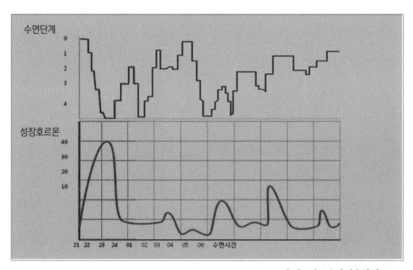

출처 : 한국유아체육학회(2015)

이토록 키 성장에 중요한 수면주기를 조절하는 대표적인 호르몬은 멜라토닌(Melatonin)이다. 멜라토닌은 날이 어두어지면 뇌의 송과선(pineal gland)에서 분비되어 아이의 수면과 기상 주기를 조절한다. 계절에 따른 일조량의 변화에 따른 빛의 주기를 감지해 잠이 오거나 달아나게 한다. 멜라토닌은 보통 낮에는 조금 분비되다가 깜깜한 저녁 9시 무렵부터 늘어난다. 반면 새벽 동틀 무렵에는 망막으로 빛의 자극을 느껴 감소한다. 그래서 아이가 새벽 1~2시쯤에 잠을 자면, 3~4시간 후 멜라토닌 분비가 떨어지므로 오래 자더라도 깊이 잘 수는 없게 된다.

키 성장에 잠이 이렇게 중요함에도 불구하고 자고 싶어도 신경이 예민해서 못 자는 아이들이 있다. 1년 반 전에 나를 찾아온 유정이가 그랬다. 유정이는 중학교 1학년이었고, 1년 전에 이미 초경을 시작한 상태였다. 특이하게도 유정이는 소리에 예민했다. 오토바이나 자동차 소리를 못 견뎌 했다. 학교생활 중에도 쉬는 시간이 되면 귀마개를 사용하곤 했다. 어릴 때부터 줄곧 있었던 증상이었다.

그래서 유정이의 부모님은 유정이를 재우기 위해 창문 틈새를 틀어막아야 했고, 밤이 되면 거실의 TV는 아예 켜지도 못했다. 그런 노력에도 불구하고 유정이는 매일 자다가 2~3번 정도는 깨기를 반복했다. 유정이의 키는 152cm였다. 나는 부모님께 유정이가 잠을 그렇게 못 잤음에도 이 정도라도 자라준 것이 감사한 일이라고 말했다.

사람은 자율신경계에 의해 긴장과 이완을 반복한다. 동일한 상황에 긴장신경계와 이완신경계 둘 중 어디를 활성화할지 결정하는 것은 개인차가 있다.

예를 들어, 신학기가 되어 선생님과 반 친구가 모두 바뀌는 상황에서, 어떤 아이는 등교 전부터 긴장신경계가 활성화된다. 반면 어떤 아이는 그렇지 않다. 부모는 쉽게 긴장하는 아이를 보고 '예민하다', '겁이 많다'', 걱정이 많다'라고 표현한다. 한방에서는 이런 아이들을 심담허겁(心膽虛怯), 심열과다(心熱過多), 심혈허(心血虛) 등으로 구분해 진단한다. 쉽게 표현하면, 심장과 담이 약해 겁내는 마음이 커서 스트레스를 잘 받는 체질이다. 이런 아이들은 잠을 깊이 못 자며 한숨도 잦고 때때로 두통을 겪는다. 피곤할 만함에도 잠을 쉽게 들지 못하고, 낮잠도 잘 안 자는 경우가 많다.

유정이는 소리자극을 포함한 사소한 일에 긴장도가 높아 심장의 열이 과다한 아이였다. 나는 유정이에게 그러한 체질을 개선할 체질맞춤 성장탕을 처방했다. 3개월 후부터 유정이는 소리에 둔해졌고 학교에서도 귀마개를 아예 쓰지 않게 되었다. 이후 1년 반 동안 성장클리닉을 받으면서 5cm가 더 자랐다. 보통 초경 후 1년이 지나면 1년에 1~2cm 정도만 자란다는 사실을 감안하면 고무적인 성장 수치다. 현재 유정이의 키는 157cm이며, 앞으로 160cm까지 크기 위해 노력할 예정이다.

"아이들이 고학년이 되면서 잠을 늦게 잡니다"

《Why We Sleep》에서 수면 연구가인 매튜 워커(Matthew Walker)는
이렇게 설명한다.

"생체시계가 아이일 때는 어른에 비해 약간 빠르게 맞춰져 있다.
아이들이 대체로 일찍 자고 일찍 일어나는 이유다. 그런데 사춘기
에 들어서면 생체시계가 급격히 늦춰져 어른보다도 대략 2시간이나
늦어진다. 즉, 수면호르몬인 멜라토닌이 분비되는 시점이 아이 때에
비해 3~4시간 뒤로 밀린다. 따라서 청소년 아이에게 밤 10시에 자
라는 건 어른에게 8시에 자라는 것과 같다. 반면, 청소년 아이에게
아침 6시에 일어나라는 건 어른에게 새벽 4시에 일어나라는 말이
다."

청소년기는 뇌가 리모델링되는 시기다. 제멋대로 자란 나무를 가
지치기하듯 생후 10여 년간 급하게 성장한 뇌신경 시냅스를 정리하
는 과정이 청소년기에 일어난다. 비렘수면 동안 확장되었던 뇌신경
시냅스가 정리된다고 하니 청소년의 늦잠은 어느 정도 이해가 필요
할 듯하다. 그래서 나는 중학생 이상의 아이들에게는 12시 전에만
꼭 자라고 당부하는 편이다. 주말이면 아침 10시 정도까지 늦잠 자
는 것을 크게 말리지는 않는다. 단, 그 이상 늦게 일어나는 것은 밤에
자는 시간이 너무 밀릴까 봐 우려되어 조심시킨다.

그럼 이제 아이의 키 성장과 뇌 기능에 너무나 중요한 잠을 잘 잘

수 있는 방법에 대해 알아보자. 요즘은 아이들이 손에서 스마트폰을 놓지 못한다. 그래서 이 스마트폰의 사용 제한이 숙면을 위한 1순위 핵심 전략이 된다.

안데르스 한센(Anders Hansen)의 《인스타 브레인》의 내용이다. "멜라토닌 생성에는 빛의 노출량뿐만 아니라 노출된 빛의 종류도 영향을 미친다. 특히 블루라이트는 멜라토닌 생성을 억제하는 기능이 있다. 눈에는 블루라이트에 강력하게 반응하는 특별한 세포가 있다. 우리 선조들이 살던 시대에는 블루라이트가 구름 한 점 없는 하늘에서만 만들어졌다. 그리고 이 특별한 세포들은 '이제 낮이네. 일어나. 그리고 조심해'라고 말한다. (중략) 그래서 잠들기 전에 스마트폰이나 태블릿을 사용하면, 블루라이트가 생체시계를 2~3시간 되돌리는 셈이다."

그 외에도 스마트폰을 침실에 둔 아이들이 그렇지 않은 아이들보다 1시간이나 덜 잤다는 연구 결과도 있다. 스마트폰을 보다 잔 다음 날, 피로하고 몸이 무거운 경험은 누구나 있을 것이다. 나도 유난히 피로한 날, 가만히 돌이켜보면 전날 스마트폰으로 동영상을 보다가 늦게 잤다는 것을 뒤늦게 깨달은 경험이 여러 번 있었다.

그래서 나는 아이들이 푹 자고 쑥 자라게 하려면 스마트폰을 9시 이후로는 거실 충전기에 꽂아두라고 권유한다. 잠자리에서는 책을 보거나 다른 편안한 활동을 하다가 자는 것이 키 성장에 효과적이다. 그리고 아이들의 숙면을 위해서는 빈속에 잠을 자는 것이 중요하다. 그래야만 각종 호르몬 분비가 가능해서 세포조직의 회복 재생, 독소 제거 활동이 활발해진다. 자기 직전까지 야식을 먹고 더부룩한 상태로 잠을 자면 아이의 몸은 밤새 소화시키느라 바빠서 성장호르몬을 분비하고 몸을 재생할 겨를이 없다.

성장호르몬를 포함한 각종 호르몬의 원료가 되는 비타민과 미네랄이 부족하지 않도록 낮에 녹황색 채소와 해조류를 챙겨 먹고, 잠자기 2시간 전에는 빈속을 유지하는 것이 키 성장을 위한 중요 전략이라 할 수 있다.

잠을 잘 자려면 잠자리는 어둡고 조용한 것이 좋다. 잠잘 시간이 되면 거실 불도 끄고 수면등으로 잘 수 있는 분위기를 만들어야 한다. 그리고 아이가 잠이 들면 집안 불을 모두 꺼서 아이가 푹 자게 해야 한다. 아이의 방이 도로 방향이라 불빛이 새어 들어온다면 암막커텐 등을 활용하는 방법도 있다.

잠자기 전 운동은 잠자리에 들기 1시간 전에 끝내는 것이 좋다. 너무 늦지 않은 시간에 적당한 신체활동을 하고, 자기 전에는 따뜻한 물로 목욕하면 숙면을 취하는 데 효과적이다. 아이들의 경우는 실내 온도와 습도에도 예민하다. 아이의 체질에 따라 조금만 더워도 잠을 깨는 경우가 있다. 엄마에게 적당한 온도는 성장기 아이들에겐 다소 더울 수 있다. 나도 비슷한 경험을 많이 했다. 나는 적당하고 좋은데 아이들은 덥다고 할 때가 많았다. 아이마다 개인차가 있으나 보통은 실내 온도 18~20℃, 습도 55~60% 사이일 때, 쾌적하게 잘 수 있다.

## 아이들은 잘 때 큰다

잠을 잘 자야 키도 잘 크고 면역력도 올라가고 스트레스 호르몬인 코르티솔(cortisol) 분비도 적다. 아이들이 잠을 잘 자도록 스마트폰 사용 시간을 제한해야 한다. 스마트폰의 경우는 자율적인 조절이 힘든 기기다. 인간의 원초적인 욕구를 아주 쉽게 충족해주어 중독성이 강하므로 미성숙한 아이에게 오롯이 조절하라고 하는 것은 지나친 방임이다.

또한 야식은 피하는 것이 숙면에 중요하다. 더불어 어둡고 편안한 잠자리 환경으로 더없이 키 성장에 소중한 잠시간을 확보해야 한다. 그리고 체질적으로 잠을 설치는 아이는 반드시 이 부분을 한방 치료로 개선시켜주어야 한다. 잠을 잘 자는 것이 키가 저절로 크는 비법 1순위이기 때문이다.

180
170
160
150
140
130
120
100

## 02

# 성장에 독이 되는 음식
# vs 성장에 약이 되는 음식

"딸, 이거 무슨 냄새야?"

나는 딸아이의 방에 들어 갔다가 코를 찌르는 강력한 냄새에 화들짝 놀랐다. 나도 모르게 창문을 열어젖히며 눈살을 찌푸렸다. 둘째가 "엄마, 누나가 중국 간식 먹어서 그래"라며 친절하게 알려주었다. 요즘 동네마다 있는 아이스크림 할인점에 가면 각종 신제품 간식들이 즐비하게 진열되어 있다. 최근에는 낯선 포장의 중국 간식들이 많이 보였다.

얼마 전에도 사춘기에 접어든 첫째 아이의 성화에 못 이겨 마라탕집에 가서 마라탕을 먹이고 후식으로 탕후루와 버블티를 사주었다. 딸아이는 이런 음식들을 자주 먹고 싶어 했다. 그러나 나는 여느 부모와 마찬가지로, 자극적인 향신료와 원료에 대한 불안, 과도한 당분 섭취가 마음에 걸려 가끔 사주는 정도로 조절했다.

셋째 아이가 지금보다 더 어렸을 때 먹방에 빠진 적이 있었다. 내가 너무 지쳐 아이와 놀아주기 힘들 때 한 번씩 보여준 것이 화근이었다. 편의점의 각종 원색 젤리와 음료들을 기가 막힌 ASMR과 함께 먹는 유튜버의 모습은 어른인 내가 봐도 빠져들 만했다. 그리고 말이 안 통하는 '왕의 시기'를 보내고 있던 막내는 엄청난 황소고집으로 편의점에 매일 출근했다. 타이르고 설명해도 속수무책이었다. 어떤 날은 편의점 앞에서 나와 실랑이를 벌인 적도 있었다. 결국 내가 허락하지 않자, 혼자 편의점 안에 들어갔다가 지불할 수 없으니 도로 나오기도 했다. 이 편의점 사랑은 만 4세를 넘기고서야 끝이 났다.

왜 이런 가공식품과 간식들을 아이에게 먹이면 안 될까? 가장 큰 이유는 설탕 때문이다. 성장호르몬은 혈당을 올리는 호르몬이다. 그래서 혈당이 감소할 때 분비된다. 성장호르몬은 하루 총 분비량의 20% 이상이 낮에 나온다. 그런데 낮에 혈당을 상승시키는 간식을 아이가 수시로 먹는다면 성장호르몬 분비는 줄어들게 된다. 이런 정제당은 영양소가 전혀 없는 텅빈, 질 떨어지는 칼로리 덩어리다. 초과된 칼로리는 지방으로 쉽게 바뀐다. 더불어 필요한 영양소는 없으니 몸은 필요한 영양분을 채우기 위해 음식을 계속 찾게 된다. 아이가 이러한 초과 칼로리와 부실한 영양분의 악순환 고리로 들어가면 비만 아동이 되거나 키가 작은 영양 결핍 아동이 될 수 있다.

아이들이 좋아하는 청량음료는 어떨까? 코넬대학의 클리브 맥케이(Clive McCay) 박사는 '청량음료가 치아의 에나멜을 완전히 부식시킬 수 있으며, 이틀 안에 치아를 죽처럼 흐물흐물하게 만든다'고 발표했다. 이러한 반응을 일으키는 성분은 인산(phosphdric acid)이라 불리는 혼합물이었다.

청량음료 속에는 다량의 유해성분과 정제당이 과량 포함된다. 더욱이 카페인이 음료에 포함된 경우도 많다. 영양학 연구재단(Foundation of Nutritional Research)의 로얄 리(Royal Lee) 박사는 이렇게 말한다.

"콜라에는 습관성을 유발하는 카페인이 첨가된다. 일단 이 첨가제에 익숙해지면 그것 없이는 잘 견뎌내지 못하게 된다. 청량음료에 카페인을 넣는 이유는 1가지밖에 없다. 그것에 중독되게 만들려는 의도에서다."

그리고 무엇보다 이러한 가짜 음식은 진짜 음식을 못 먹게 만든다. 부모가 관심을 두지 않으면 어느새 아이들은 음료수와 과자를 먹기 바빠서 미네랄, 비타민, 섬유소가 풍부한 과일과 채소를 안 먹는다. 그리고 맑은 물 대신 음료수를 마신다. 이런 식습관에 익숙해진 아이는 살만 찌고 힘과 면역력은 떨어진다. 또한 뇌가 안정되지 않아 감정 기복이 심해진다. 음료에 들어 있는 인산과 카페인은 아이를 난폭하고 공격적으로 만들기 때문이다.

현진이는 만 8세의 딸아이였다. 동글하고 귀여운 외모가 사랑스러웠지만, 인바디 검사상 8kg이 많았고, 뼈나이는 2년 가까이 빨랐다. 나는 상담하면서 몇 가지 질문을 했다.

"집에 과자 서랍이 있나요? 냉동실에 아이스크림이 있나요?"

현진이와 비슷한 체형의 아빠는 "네, 있어요"라고 말했다. 내가 "그것부터 다 없애 버리세요"라고 말하자, 당황한 기색이 역력한 아빠는 옆머리를 긁적였다. 나는 "아이들은 체구가 작아서 8kg이 많아도 귀엽게 보여요. 하지만 비례로 생각해보면 50kg 정도가 적당한 여자 어른이 62kg 정도 되는 것과 같아요"라고 설명했다. 그러자 아빠는 현진이의 상황을 인식하고 집안에서 간식을 없애겠다고 약속했다.

키 성장에 있어서 '무엇을 먹을까'도 중요하지만 '무엇을 먹지 않을까'도 중요하다. 집안의 냉장고를 성장에 도움이 되는 음식으로 채워야 한다는 사실을 기억하자. 시장이나 마트를 갈 경우에도 성장에 도움이 되는지 안 되는지를 꼼꼼히 따져서 구입해야 한다. 냉장고에 탄산음료, 과자를 채워놓고, 이런 음식은 키 성장에 방해되니 먹지 말라고 하는 것은 어불성설이다.

물론, 철저히 실천한다는 것이 현실적으로 힘듦을 잘 안다. 각종 가공식품은 숨 쉬듯 광고에 나오고, 가는 곳마다 진열되어 있다. 특별한 날이면 학원에서는 아이들에게 각종 과자를 선물로 나누어준다. 그리고 그것을 받은 아이들은 너무나 기뻐한다. 그럼에도 불구하고 우리 부모는 잘 살펴서 아이들이 조금이라도 덜 먹게 해야 한다. 아이 외투 주머니 속이나 집안에 먹다 남은 과자봉지가 보이면 수시로 버리고, 어딘가에서 받아온 음료수는 없애야 한다.

나는 치킨을 시키면 따라오는 콜라부터 빼서 싱크대 안에 숨겨둔다. 아이들에게 청량음료를 몇 번 허락했더니 이후 계속 먹고 싶어했다. 그 강한 중독성을 내 눈으로 직접 확인한 후에는 아예 끊어버렸다. 수제청을 물에 좀 타서 내어주는 것으로 콜라를 대신하니 괜찮았다.

올해 초등학교 3학년이 된 나의 둘째 아이 버킷리스트에 이런 내용이 있었다. '편의점 의자에 앉아 컵라면, 삼각김밥, 핫바 먹기'. 재미로 편의점 음식들을 한 번씩 허용하는 정도에 그치도록 노력하자. 가공식품이 일상이 되는 순간, 우리 아이들은 여드름, 비만, 만성피로, 집중력 저하에 시달릴 것이다. 키 성장에도 당연히 손해가 날 것임은 자명하다.

그럼 무엇을 먹여야 할까? 가장 1순위로 중요한 먹거리는 '맑은 물'이다. 키가 잘 자라기 위해서는 물을 충분히 섭취해야 한다. 세포의 확장과 분열 과정에서 많은 물이 쓰이기 때문이다. "음료수는 물 아닌가요?" 하고 묻는 아이들이 있다. 음료수는 액체인 것은 맞지만 카페인과 이뇨 성분도 같이 들어 있어 오히려 물을 몸 밖으로 더 내

보내기도 한다. 그래서 좋은 물이라 할 수 없다. 두뇌의 85%도 물이다. 두뇌 발달과 키 성장을 위해 맑은 물을 마시는 노력에 각별히 공을 들여야 한다.

아이들이 아침에 일어나면 미지근한 물 한잔을 먹여 밤새 손실된 수분을 채워주자. 그리고 책상 위나 식탁에 물이 담긴 물컵을 두어 물을 쉽게 마실 수 있는 환경을 만들어주면 좋다. 아이가 맹물을 싫어한다면 구수한 보리차나 현미차, 둥글레차 등을 마시게 해보는 것도 좋은 방법이 된다.

콩과 두부도 성장에 좋은 먹거리다. 콩에는 글리시닌(glycinin)이라는 질 좋은 단백질이 있다. 아이들은 콩을 대체로 싫어하므로 대신 두부를 먹이면 된다. 콩보다 오히려 소화가 쉽다. 두부도 안 먹는다면 된장국을 먹이도록 하자. 고등어, 멸치는 질 좋은 단백질에 두뇌 발달에 좋은 EPA와 DHA가 한꺼번에 들어 있다.

쇠고기, 돼지고기, 닭고기도 좋다. 쇠고기는 성장기 아이에게 중요한 철분, 아연이 많다. 돼지고기는 에너지대사에 좋은 비타민 B1이 많고, 닭고기는 단백질과 더불어 비타민 A가 많다. 육고기도 1가지만 먹이지 말고 바꿔가면서 먹이면 좋다. 달걀, 버섯 그리고 시금치, 브로콜리, 당근 등도 대표적으로 키 성장에 이로운 식재료다.

미역, 다시마, 김 같은 해조류도 칼슘과 무기질이 많아 뼈와 근육 성장에 중요하다. 아이들은 조미김을 대체로 좋아한다. 그러나 조미김은 말 그대로 조미료가 포함된 맛소금이 뿌려진 김이다. 그래서 김을 먹일 때 조미김보다는 친환경 '지주식 김'을 사서 바로 구워 먹이기를 권한다. 구운 김을 들기름 섞은 간장에 콕 찍어 먹으면 고소하고 단백하다. 미역도 자연산 미역이 양식 미역보다 비타민 함량이 몇 배 더 높다.

그 외 각종 제철 과일과 채소를 골고루 먹는 것이 좋다. 햇빛을 받고 자란 제철 과일과 채소는 영양소가 풍부하다. 너무 이른 시기에 재배되는 과일과 채소는 많은 농약과 화학비료가 사용되므로 제철 과일과 채소가 더 좋다.

미량원소를 많이 함유한 새싹채소도 추천한다. 아연, 망간, 몰리브덴, 크롬, 구리, 요오드 같은 미량원소는 소량으로 호르몬 분비에 영향을 준다. 이러한 미량원소가 풍부한 새싹채소는 씹기도 부드러워 샐러드에 넣으면 생야채를 안 먹는 아이들도 곧잘 먹는 식재료다.

간식으로 땅콩, 호두, 밤, 대추 등을 시리얼이나 샐러드에 섞어주거나 요거트에 타서 먹여도 좋다. 과일이나 견과류는 집에 과자가 없어야 아이들이 먹기 시작한다. 이 부분을 간과해서는 안 될 것이다.

제대로 된 식사를 하는 것의 중요성은 아무리 강조해도 지나치지 않다. 음식은 매일 아이의 입을 통해 몸 속에 들어가 아이의 몸을 구성한다. 이러한 음식의 힘을 존중한다면 아무거나 함부로 먹일 수는 없을 것이다.

키 성장을 위해 마트의 가공식품을 집에서 최대한 없애고, 채소나 과일, 천연식품으로 대체하려는 노력이 필요하다. 과자, 아이스크림, 음료수는 냉장고에서 퇴출시켜야 한다. 현실적으로 한계가 있음을 알지만 조금이라도 더 신경 쓴다면 아이들에게 좀 더 크고 건강하게 자랄 기회를 제공한 셈이 될 것이다.

180

170

160

150

140

130

120

100

03

# 시간이 없는 아이를 위한
# 초간단 성장 운동

"생물학자 베른트 하인리히(Bernd Heinrich)는 인류를 '장거리 포식 동물'이라고 정의했다. 오늘날 우리 몸을 지배하는 유전자는 수십만 년 전 인류가 식량을 찾으러 끊임없이 돌아다니거나 짐승을 쫓아다니는 동안 진화했다. 인간의 몸은 장거리 경주에 적합하다. (중략) 그래서 활동을 하지 않으면 50만 년 동안 섬세하게 조정되어온 예민한 생물학적 균형이 흐트러진다. 간단히 말해서 신체와 뇌가 최적의 상태를 유지하려면 장거리 신진대사를 해야 한다."

《운동화 신은 뇌》 내용의 일부다.

나는 언젠가 아마존 밀림의 어느 부족 아이들의 생활을 담은 다큐멘터리 영상을 본 적이 있다. 그 아이들은 학교에 가기 위해 강줄기를 따라 배를 타고 노를 저으며 1시간 정도 이동했다. 이후, 1시간을 더 걸어서 학교에 도착했다. 돌아오는 길에는 마찬가지 과정을 한

번 더 반복했다. 그런데 그것으로 하루 일정이 끝난 게 아니었다. 하교한 이후에는 강가에서 수영하고 물고기를 잡으며 또 반나절을 놀았다. 실로 엄청난 활동량이었다.

생각해보면, 우리 아이들 역시 비슷한 환경 속에 놓여 있다면 별반 다르지 않을 듯하다. 사람은 수십 만년을 다양한 강도의 신체 활동을 온종일 하기에 적합하도록 유전적으로 디자인된 뇌와 몸을 가졌기 때문이다. 그런데 수십년 전부터 우리 아이들은 사방이 막힌 건물 안, 책상에 앉아 장시간 동안 공부를 해야 하는 상황에 놓였다. 엎친 데 덮친 격으로 최근에 스마트폰까지 갖게 되면서 아이들의 활동량은 인류가 탄생한 이래로 가장 적어졌다.

나의 세 아이들은 한 달에 한 번 숲체험을 하러 간다. 2~4시간 동안 근처 산에 올라 산행을 하면서 동식물을 만나고 자연을 관찰하는 프로그램이다. 첫째 아이는 초등학교 1학년 때부터 숲 체험을 신청해서 다녔다.

첫째 아이가 4학년 무렵이 되자 동년배 친구들이 숲 체험을 중단하기 시작했다. 공부할 것도 많은데 숲 체험을 하러 다닐 여유가 없다는 이유에서였다. 나는 그때 알게 되었다. 운동이나 자연 속 체험이 후순위로 밀리고 학습이 선순위가 되기 시작하는 시기가 대략 4학년부터임을.

그렇다면 아이들의 활동량이 이렇게 줄어도 괜찮을까? 당연히 아니다. 운동은 아이들의 체력을 향상시킬 뿐만 아니라 뼈와 성장판을 자극하고 성장호르몬 분비를 촉진시켜 키를 잘 자라게 해준다. 또한 성장판을 늦게 닫히게 해서 오랫동안 키가 자랄 수 있도록 돕는다. 그뿐만 아니라 운동을 하면 학습 능력, 기억력, 최고인지 기능, 감정 조절 능력까지도 개선된다.

2007년 독일 학자들이 사람을 대상으로 실시한 연구 결과에 따르면, 운동 후 어휘 학습 속도가 운동 전에 비해 20%나 빨라졌다. 미주리 캔자스시티에 있는 우드랜드 초등학교 사례도 있다. 이곳은 정부로부터 급식비를 지원받는 저소득층 학생들이 다니는 학교였다. 2005년 이 학교는 체육 시간을 일주일에 1번에서 매일 45분으로 대폭 늘려 유산소 운동 위주로 수업을 진행했다. 1년이 지나자 학생들의 건강 상태는 급격히 좋아졌다. 게다가 교내 폭력 사건도 전년도 228건에서 95건으로 대폭 줄어들었다.

규칙적으로 운동을 하는 것이 체력·면역·성장·학습에 도움이 될 뿐만 아니라 학교폭력을 예방하는 효과까지 있다니, 고무적인 사실이 아닌가.

## "그래도 운동할 시간이 없어요"

운동이 키 성장과 더불어 다방면으로 중요한 건 알지만 현실적으로 시간 내기가 쉽지 않다면 고강도 인터벌 운동을 하기를 권한다.

운동에는 3가지가 있다. 유산소 운동(Aerobic), 무산소 운동(Anaerobic), 고강도 인터벌 운동(HIIT)이다. 유산소운동은 운동 중 숨을 헐떡이지 않고 문장 전체를 말할 수 있을 정도의 활동 범위에 속한다. 운동 중에도 산소 공급이 가능해 장시간 지속할 수 있다. 무산소 운동은 '힘든 느낌'이 들 정도의 활동 범위에 속하며 운동 후 근육통이 생긴다.

고강도 인터벌 운동은 높은 강도의 운동과 낮은 강도의 운동을 섞어서 하는 것이다. 높은 강도의 운동을 30초 하고 1분 쉬고, 30초 하고 1분 쉬고 하는 방식을 반복하는 형식이다. 예를 들어, 20분 달리기를 한다면, 가볍게 달리되, 중간에 30초 정도 전력질주하는 구간을 3~4회 넣어서 하는 것이다. 줄넘기를 할 때도 20분 정도 천천히 뛰는 사이에 30초 정도 최고속도로 뛰는 구간을 3~4회 정도 넣는 방식이다.

여기서 말하는 낮은 강도의 운동은 최대 심장박동수의 55~65%를 유지할 정도를 말한다. 중간 강도의 운동은 65~75%, 높은 강도의 운동은 75~90%를 유지할 정도를 말한다. 중간 강도의 운동과 높은 강도의 운동이 지니는 큰 차이점은 최대 심장박동수에 접근하면 무산소 운동 범위에 가까워진다는 점이다.

이때 뇌하수체가 성장호르몬을 분비한다. 성장호르몬은 보통 혈액 내에 몇 분 동안만 머물러 있지만, 전력질주를 한 뒤에 늘어난 성장호르몬 수치는 거의 4시간까지 유지된다. 성장호르몬은 모든 성장인자의 생성을 늘려준다. 그중에서도 키 성장과 뇌신경 발달에 모두 관여하는 인슐린 유사 성장인자(IGF-1)에 영향을 크게 끼친다.

영국 배스 대학이 실시한 어느 연구에 따르면, 운동을 하는 도중에 30초 동안 전력 질주를 1번 하면 성장호르몬이 6배까지 늘어났다. 이때 수치가 가장 높은 때는 2시간 후였다. 독일 뮌스터 대학의 신경과학자들은 고강도 인터벌 운동이 학습 능력을 높인다는 연구 결과를 발표했다. 실험 참가자들은 40분 동안 러닝머신 위에서 달리는 도중 3분 동안 전력 질주를 2번 했다. 이러한 달리기를 한 직후에 인지력 테스트를 실시하자 단어를 20%나 더 빨리 암기했다. 이처럼 자신의 한계에 도달하는 운동을 1~2번만 해도 뇌에 커다란 효과를 불러온다.

고강도인터벌 운동이 우리가 그토록 갈망하는 아이의 큰 키와 뛰어난 학습 능력에 이롭다면, 안 할 이유가 없지 않은가. 그렇다면 욕심을 내어 고강도 운동과 무산소 운동을 장시간 하는 것은 어떨까? 강도 높은 운동을 장시간 하면 스트레스 호르몬인 코르티솔의 수치가 올라가서 각종 성장인자에 방해가 된다. 그리고 아이들이 힘들어서 한번 해본 이후에 두 번은 하지 않으려고 할 것이다. 과유불급(過猶不及)이라 했다. 과한 욕심으로 인해 아이가 운동과 연을 끊을 수도 있다.

### "아들이 근육을 키우려고 근력 운동을 하는데, 괜찮을까요?"

근육운동은 성장호르몬 분비에 영향을 끼친다. 역기를 들고 앉았다 일어서는 운동을 한 뒤에는 높은 강도로 30분 동안 달린 뒤보다 2배나 많은 성장호르몬이 분비된 것으로 나타났다는 연구도 있다. 하지만 주의할 것은 강도 높은 근육 운동은 근육의 파손을 일으켜 성장호르몬이 근육의 회복, 재생에 과도하게 쓰일 우려가 있다는 점이다. 또한 성장기 아이들은 운동으로 단련된 트레이너가 아니므로 심한 근육통으로 고생하거나 운동 중 부상의 우려가 있으므로 근육 운동은 무리하게 하지 않는 것이 좋겠다.

그럼 운동 횟수는 어떻게 해야 할까? 운동은 일주일에 4~6회 정도 지속하는 것이 좋다. 격일로 하는 것도 괜찮다. 연속해서 너무 쉬는 것은 좋지 않다. 최근 연구 결과에 의하면, 운동을 정기적으로 하는 그룹이 그렇지 않은 그룹에 비해 안정 시 혈중 성장호르몬 농도가 1.7~2배 높았다.

### "우리 아이들은 집돌이, 집순이입니다만"

2006년 유럽 과학자들이 일란성 쌍둥이 13,670쌍과 이란성 쌍둥이 23,375쌍의 운동량을 비교했다. 그 결과, 과학자들은 유전자가 운동량을 결정하는 비율이 62%나 된다는 사실을 발견했다. 운동을 즐기는 정도와 운동을 지속할 확률이 모두 유전자와 밀접한 관련이 있다는 것이다. 원래 운동을 싫어하는 유전자를 타고난 아이들이 있다는 말이 된다.

　나와 성장클리닉을 3년 동안 진행한 규연이가 그랬다. 엄마와 내가 2년 동안 꾸준히 운동을 권유했음에도 '소귀에 경 읽기'였다. 규연이는 공부할 때 책상에 앉아 있는 시간 외엔 침대, 소파와 한 몸인 양 생활했다. '이렇게 움직이길 싫어할 수 있을까?' 생각이 들 만큼 활동을 하지 않았다. 처음 성장클리닉을 시작할 때, 규연이의 최종 예상키는 165cm였다. 다행히 3년간의 한방 성장클리닉의 결과로 규연이는 173cm까지 컸다. 나는 규연이가 노력해주지 않는 것이 못내 속상했다. 활동성이 높은 친구들이 키가 더 자라는 것을 많이 봐온 터였기 때문이었다. 하지만 규연이 스스로 현재의 키에 만족하니 엄마와 나는 그것으로 위안했다.

　그럼 이러한 집돌이와 집순이는 운동시킬 방법이 없는 걸까? 운동이 좋은 기분을 일으키는 효과가 유전적으로 적은 아이라도 규칙적으로 운동을 하면 새로운 신경회로가 생긴다. 새로운 신경회로를 만드는 데는 몇 주 정도면 충분하다. 운동을 시작하는 즉시 도파민의 수치가 올라가기 때문이다. 몇 주의 운동 습관은 유전자를 압도하는 강력한 힘을 발휘한다. 집돌이와 집순이는 운동 습관을 들이기 위해 시간이 조금 더 오래 걸릴 뿐이다. 심리적 저항이 다소 크기 때문이다.

운동 습관을 들이는 좋은 방법은 '집단의 힘'을 이용하는 것이다. 운동학원이 최선일 수 있다. 방과 후 프로그램이나 점심시간의 체육 활동도 좋다. 성장에 해로운 운동과 이로운 운동을 반드시 나눌 필요는 없다. 과하지 않다면 유도나 레슬링 등 어떤 운동도 괜찮다. 아이가 즐겁게 지속해서 할 수 있는 운동이면 수영, 배구, 주짓수, 태권도 등 모든 운동이 키 크는 데 도움이 된다.

요즘은 걸음수를 기록하는 어플도 있다. 친구들과 수치를 비교하며 서로 운동을 장려하는 것도 좋다. 서로 내기를 하는 방식으로 승부욕을 자극한다면 즐겁게 운동 습관을 들일 수 있을 것이다. 단, 고도비만 아이들의 경우 주의가 필요하다. 과도한 뜀뛰기가 발목과 무릎 통증을 유발하기도 하기 때문이다. 과체중인 아이들은 가벼운 스트레칭과 걷기 등의 운동으로 단계별로 진행해야 무리가 없다. 그리고 무엇보다 간식을 줄이는 식이요법을 우선해야 한다. 운동만으로 체중 조절하는 것은 힘들기 때문이다.

운동이 아이의 성장과 뇌 기능, 학습 능력, 사회성에 이르기까지 두루 이롭다는 사실은 두말할 필요가 없다. 그런데 아이가 운동을 싫어하거나 절대적인 시간이 부족한 경우가 많다. 그래서 가장 효율적인 운동인 고강도 인터벌 운동을 10분이라도 매일 또는 격일로 해보자. 유산소 운동으로 가볍게 뛰다가 호랑이가 쫓아오듯 빠르게 뛰기를 2~30초간 하고, 속도 낮추기를 3~4회 반복하면서 5분에서

10분이라도 뛰어보자.

고학년이라 운동 학원도 못 간다면 집에서 줄넘기로 저강도와 고강도를 넘나들며 5~10분만 뛰길 권한다. 가장 효율적으로 성장호르몬을 분비시키는 방법이 될 것이다. 매일 이 정도라면 할 만하지 않은가. 학원 스케줄이 가득한 고학년 집돌이, 집순이라도 이 정도는 가능할 것이라 확신한다.

180

170

160

150

140

130

120

100

# 04

# 밝고 긍정적인 아이가
# 더 잘 자란다

초등학생인 준서는 신학기마다 나를 찾아왔다. 새로운 환경에 적
응하기 힘들어 자주 체하고 머리가 아팠기 때문이었다. 심하면 몸살
이 나서 일주일 정도 꼬박 쉬어야 했다. 다행히 내가 처방해준 한약
을 먹으면 새 학기를 무탈하게 넘어갔다. 그래서 매년 2월과 8월 말
에는 준서 엄마가 준서를 데리고 나를 찾아왔다. 준서 엄마는 올 때
마다 준서에 대해 이렇게 말했다.

"준서가 타고나길 예민하니까…."

그날은 바쁘지 않은 평일 오전이었다. 나는 상담 도중, 준서를 내
보내고 엄마에게 단단히 일러두었다.

"'준서가 예민해서'라는 말이 입 밖에 나오면 입을 틀어막으세
요!"

부모는 아이의 거울 역할을 한다. 아이는 자신이 어떤 존재인지 알지 못한다. 우리도 거울을 통해 보지 않으면 우리가 어떻게 생겼는지 알 수 없는 것과 같다. 그래서 늘 함께 지내는 엄마와 아빠가 무심히 던지는 아이에 대한 평가는 그대로 아이의 자화상이 된다. 백지 같은 상태인 아이에게 너무나 강력한 자기암시가 되는 셈이다. "넌 나 닮아 키가 작겠어", "넌 몸이 약하니까", "넌 매사에 게으르구나" 같은 말은 아이가 이 문장대로 자라기를 비는 기도와 같다.

그리고 부모는 행동으로도 아이에게 자기암시를 준다. 예를 들어, 아이가 스스로 무언가를 하려고 할 때마다 부모가 그것을 못 하게 하며, "내가 해줄게"라고 한다면 아이는 스스로를 무력하고 열등한 존재로 인식하게 된다. '난 할 수 없어', '난 약한 존재야' 하는, 이런 자기암시는 결국 겁 많고 두려움 많은 아이로 자라게 한다. 그러한 마음을 가진 아이는 세상의 예기치 못한 복잡한 상황들에 많은 스트레스를 받게 된다.

화, 불안, 우울함 등 부정적인 감정과 생각 등은 여러 가지 스트레스호르몬을 분비시킨다. 이 중 스테로이드호르몬인 코르티솔은 성장호르몬 분비를 감소시킨다. 이렇게 만병의 근원이자, 성장을 방해하는 근원이기도 한 스트레스, 없앨 수는 없을까? 당연히 없앨 수 없다.

최선의 방법은 그것을 이겨낼 아이의 정신력을 키워야 한다. 유명한 기도문이 있지 않던가.

'위험으로부터 벗어나게 해달라고 기도하지 말고 위험에 처해도 두려워하지 않게 해달라고 기도하게 하소서. (중략) 생의 싸움터에서 싸울 동료를 보내달라고 기도하는 대신 스스로의 힘을 갖게 해달라고 기도하게 하소서.'

물론 선천적으로 스트레스를 잘 받는 아이들도 있다. 김광석의 노래 <두 바퀴로 가는 자동차>의 '번개소리에 기절하는 남자', '천둥소리에 하품하는 여자'라는 가사처럼, 예민함에도 개인차가 있다. 앞장에서 언급한 것처럼, 타고나기를 심장(心)과 담(膽)이 약한 아이들이 있는 것은 인정해야 한다.

밝고 긍정적인 생각은 엔도르핀과 세로토닌을 많이 분비하게 한다. 이런 호르몬은 긴장을 풀어주고 편안하고 행복한 느낌이 들게 한다. 그렇다면 천성이 예민하고 심장과 담이 약한 아이를 밝고 긍정적으로 변화시킬 수 있을까?

나는 3년 전 남편과 함께 울산에 한방병원을 개원했다. 코로나 바이러스가 전 세계적으로 창궐했던 해였다. 응급환자가 아니면 입원을 꺼리는 데다 새로운 곳에 가기를 다들 두려워하던 때였다. 입원실이 비면서 병원 사업이 고전하자, 내 얼굴은 어두워졌다. 그 무렵

유독 내 둘째 아이가 "엄마, 요즘 엄마가 잘 안 웃는 것 같아"라고 나에게 여러 번 말했다. 나는 어떻게 답해야 할지 몰라 "그래? 엄마가 그랬구나" 하고 넘겼다. 그러면서 아이가 부모의 표정을 얼마나 잘 관찰하고 있는지 깨달았다.

부모가 웃고 기분이 좋으면 아이도 덩달아 기분이 좋아진다. 아이가 어릴수록 아이에게 부모, 특히 엄마는 신(神)과 같은 존재다. 엄마의 세상이 편안하고 즐겁다면 아이의 눈에 비친 세상도 편안하고 즐겁다. 그래서 집안의 영혼인 엄마가 잘 웃고 즐거우면 아이는 긍정적이고 밝아진다. 그래서 나는 부정적이고 예민한 아이를 탓하지 말라고 한다. 아이의 부정적인 면에 속상해하기보다 엄마가 스스로 좋아하는 일을 하며 일상 속에서 웃는 모습을 아이에게 보여주는 편이 낫다고, 그러면 자연스레 아이는 밝아진다고 말이다.

아이는 부모라는 창을 통해 세상을 본다. 부모가 뉴스를 보면서 세상 걱정을 하며 "세상에 믿을 사람이 없다", "갈수록 세상이 험해진다"라는 말을 하면서 "조심해라"라는 말을 아이에게 밥 먹듯이 한다면 어떨까? 당연히 아이는 세상이 두렵고 사람이 무서울 것이다. 아이는 매사에 조심하게 되니 인간관계는 어렵고 마주하는 새로운 상황에 쉽게 긴장할 것이다.

어느 날, 딸의 친구 엄마와 점심을 먹을 일이 있었다. 바이올린 대회에 나간 딸의 친구들 소식을 전해 들었다. 그런데 대회 전날, 그 친구 중 한 명이 독감을 핑계로 아예 대회에 나가지 않았다고 했다. 알고 보니 대회를 포기한 진짜 이유는 따로 있었다. 너무 출중한 다른 친구의 출전 소식을 뒤늦게 들어서였다. 1등을 못 할 것 같으니 아예 출전을 포기한 것이었다.

나는 실패할 기회를 잃은 그 친구의 선택에 심정이 착잡했다. 나는 어릴수록 실패의 경험이 많으면 좋다고 생각한다. 실패를 가볍게 이겨내고 다시 도전하기를 반복하는 과정이 아이를 크게 성장시킬 것이기 때문이다. 실패에 대한 멋진 교훈을 주는 일화가 있다.

DNA가 세포의 기본적인 유전물질임을 밝혀낸 미국의 생물학자 O.T.에이버리(O.T. Avery)의 일화다. 에이버리는 수년간 수많은 실험을 했는데, 계속 실패를 거듭했다. 그럼에도 포기하지 않고 계속 실험에 매달렸다. 주변에서 지켜보던 사람들이 너무 안타까워 그에게 지치지 않냐고 걱정스럽게 물었다. 그러자 그는 대답했다. "전혀 지치지 않아요. 저는 넘어질 때마다 뭔가를 주워서 일어나거든요."

나는 생각해보았다. 성장기 아이들에게 제일 큰 스트레스가 무엇일까? 아마 친구 관계와 성적이리라. 미국의 심리학자 토머스 홈스(Thomas Holmes)와 리처드 라헤(Richard Rahe) 박사는 건강상의 문제를 일으키는 스트레스 43개 항목을 정해서 발표했다. 놀랍게도 상위

12위에 있는 모든 스트레스가 인간관계와 관련된 것이었다.

어느 날, 초등학교 5학년인 딸이 낮에 있었던 이야기를 하면서 운 적이 있었다. 딸아이는 학교에서 아주 친하게 지내는 친구가 4명 있었다. 그중 한 친구의 생일에 3만 원 상당의 인형을 선물해주었다. 그런데 막상 내 딸의 생일이 되었을 때, 인형 선물을 받았던 그 친구는 차일피일 미루다가 10여 일이 지나서야 뒤늦게 생일선물을 주었다. 더군다나 선물은 다이소의 저렴한 제품이었다. 딸아이는 자신이 해준 만큼 돌려받지 못해 속상해했다.

우선 나는 어른인 엄마도 같은 상황이면 속상했을 것 같다며 아이의 감정을 인정해주었다. 이후, 애덤 그랜트(Adam Grant)의 《GIVE and TAKE》의 내용을 이야기해주었다.

"세상엔 '기버'와 '테이커'와 '매처'라는 3가지 유형의 사람이 있어. '기버'는 받은 것보다 많이 주기를 좋아하는 사람이고, '테이커'는 준 것보다 더 많이 받기를 원하는 사람이고, '매처'는 받은 만큼 되돌려주는 사람이야. 그런데 '기버'가 '테이커'를 만나면 시간과 돈을 빼앗기는 억울한 신세가 되기에 십상이야. 그래서 '테이커' 성향의 사람을 만나면 스스로 주는 것을 조절해야 해. 하지만 희망적인 건 세상 부유층의 최고점은 기버들이 차지하고 있어."

그리고 진쏠미 님의 유튜브를 보여주면서 세상은 양자장으로 연결된 초연결성으로 이루어져 있음도 알려주었다. 그래서 내가 타인에게 준 물질이나 마음은 동일한 형태로 돌려받는 게 아니라 다른 에너지의 형태로 돌아온다고 이야기해주었다.

'선물'이 '기회'로 돌아올 수도 있고, 누군가에게 건넨 '감정적인 위로'가 '돈'의 형태로 돌아올 수도 있다고 설명해주었다. 결국 딸아이의 속상한 마음은 해소되었다. 딸아이는 사람들의 다양한 개별성을 이해했고, 스스로 행한 선한 행동이 헛되지 않았음을 알게 되었기 때문이었다.

아이를 키우는 과정은 부모인 어른에겐 끊임없는 성찰과 도전의 과정인 듯하다. 오죽하면 많은 육아서에서 '육아란 부모 자신을 재양육하는 과정'이라고 했을까. 아이가 스트레스 상황에도 불구하고 긍정적이고 밝게 잘 자라기 위해서는 세상을 보는 밝은 시선이 있어야 한다. 그 시선은 부모의 웃는 얼굴과 말에서 나온다. 우리 아이가 '잘하나, 못하나'를 판단하는 눈길이 아닌, '어떤 모습으로도 괜찮다'라고 말해주는 눈길이 중요하다. 그 눈길은 아이의 뇌에 박혀 세상은 자신을 판단하는 곳이 아니라 환영하고 응원하는 곳으로 받아들일 것이다. 그런 아이의 가슴에는 두려움보다 용기가 자리하리라.

매사에 감사하는 습관을 갖도록 하는 것도 중요하다. 행복하면 감사하는 마음이 생기지만 반대로, 감사하는 마음이 습관이 되면 저절로 행복해지기 때문이다. "감사의 안경을 쓰고 보는 세상은 완전히 달라진다. 평범한 일상들이 감사의 눈으로 들여다 보니 수많은 축복으로 다가온다. 기적의 삶을 사는 것이다." 김봉선 작가의 《감사하는 습관이 삶을 바꾼다》의 내용이다. 나도 괜히 짜증 나고 힘들 때, 내가 가진 건강, 내가 마시는 커피 한 잔, 나를 찾아와주는 사람들에게 감사한다. 그러면 갑자기 기분이 좋아지고 의욕이 생겨남을 느낀다.

## 밝고 긍정적인 아이가 더 잘 자란다

타고난 성격이 예민하고 심장과 담이 약해 겁이 많다 하더라도, 나름의 방법을 통해 마음가짐을 바꾸는 연습을 꾸준히 해야 한다. 부모가 밝게 웃는 모습을 보여주면서 조건 없이 '너는 있는 그대로 고귀하다'라는 시선으로 아이를 봐주자. 감사일기를 쓰거나 대화 중 감사할 일을 서로 이야기하는 연습을 꾸준히 하면 도움이 된다. 감사하는 마음도 습관이기 때문이다. 알다시피 스트레스 상황은 평생 계속된다. 피할 성질의 것이 아님을 알고 있지 않은가.

밝고 강한 아이로 키워야 한다. 관점을 조금만 바꾸면 별일 아닌 것이 되고, 때론 오히려 감사한 일이 되는 경험을 우리는 하지 않았던가. 아이가 관점을 바꾸어 세상을 감사함의 시선으로 볼 수 있도록 도와주자. 그러면 결국, 우리는 훤칠한 키를 가진, 웃음이 많은 아이의 얼굴을 마주하게 될 것이다.

# 척추를 바로 세워야
# 키가 큰다

180

170

160

150

140

130

120

100

"어깨 좀 펴! 똑바로 앉아!"

나의 진료실 책상 옆엔 의자가 나란히 놓여 있다. 그 의자에 아이와 부모님이 나란히 앉아 성장이나 건강에 관련해서 나와 이야기를 나눈다. 어떤 아이는 앉자마자 내 진료실 책상에 팔을 기대고 비스듬한 자세를 취하곤 했다. 또 어떤 아이는 구부정한 자세로 아래를 내려다보거나 스마트폰을 만지작거렸다. 이를 본 부모님은 바로 앉으라며 아이를 다그치기 일쑤였다. 그리고 아이가 집에서도 저런 나쁜 자세를 취한다며, 잔소리를 해도 소용없다고 한숨지었다. 부모님의 걱정은 당연할 수밖에 없다.

근육 기능이 성장 중인 아이는 신체가 변형되기 쉽다. 특히 살집이 적고 마른 아이들은 거북목과 척추 측만이 오기 쉽다. 바르지 못한 자세로 스마트폰과 PC를 오래 보는 습관은 신체의 변형을 유발하고 성장에 나쁜 영향을 끼친다. 자세가 올바르지 않으면 근육의 피로가 높아지고, 이 근육의 피로를 해소하기 위해 성장호르몬이 사용되기 때문이다.

### 거북목증후군(일자목증후군)이 늘고 있다

요즘은 스마트폰이나 태플릿 PC 사용 시간이 길다 보니 거북목증후군인 아이들이 많다.

거북목증후군은 가만히 있어도 머리가 앞으로 구부정하게 나와 있는 증상이다. 앉아 있는 시간이 긴 학생들, 스마트폰을 많이 사용하는 아이와 어른에게 주로 나타난다. 장시간 고개를 숙이는 습관은

**정상 자세와 거북목 자세**

정상 자세                   거북목 자세

출처 : 국가건강정보포털-질병관리청

목 건강에 치명적이다. 목은 총 7개의 뼈로 구성되어 있으며 머리의
무게를 견디고 충격을 완화하기 위해 C자 형태를 이루고 있다.

 미국 뉴욕의 척추 전문의 케네투 한스라이 교수팀의 연구 결과에
따르면, 스마트폰을 사용할 때 고개를 숙이는 각도에 따라 목이 감
당하는 하중이 달랐다. 일반 성인이 고개를 들고 있으면 경추는 보
통 4~6kg의 하중을 받았다. 고개를 30도 숙이면 18kg, 45도 숙이면
22kg의 하중이 목에 가해지는 것으로 나타났다. 고개를 숙일수록
목뼈는 엄청난 하중을 견뎌야 한다.

 나는 우리 집 아이들이 학습용 태블릿 PC를 바닥에 두고 고개를
깊이 숙여 내려다보는 모습을 종종 본다. 그럴 때마다 책상이나 탁
자 위에 태블릿 PC를 올려주었다. 왜냐하면 경추가 일자목이나 역
C자로 만곡이 변해 심한 두통과 어깨 통증으로 치료를 받으러 오는

**고개 숙이는 각도에 따라 목뼈가 받는 하중**

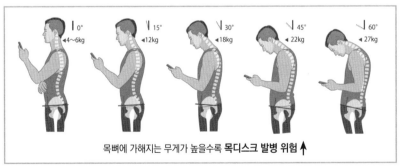

목뼈에 가해지는 무게가 높을수록 **목디스크 발병 위험** ↑

출처 : 저자 작성

사람들이 떠오르기 때문이었다.

많은 아이들이 고개를 푹 숙이고 스마트폰이나 태블릿 PC를 본다. 책상이나 탁자에 바른 자세로 꼿꼿이 앉아 공부하고 PC를 쓰도록 해야 한다. 특히 모니터가 눈높이보다 낮으면 머리가 아래로 향하게 된다. 그렇게 되면 고개가 자연스럽게 숙여지면서 목이 앞쪽으로 길어지게 된다. 가능하면 모니터를 눈높이와 비슷하거나 그보다 조금 더 높이길 권한다.

거북목 상태가 지속되면 뒤통수 아래 신경이 머리뼈와 목뼈 사이에 눌려서 두통이 생길 수 있다. 가볍게는 눈의 피로와 집중력 저하로 이어져 공부의 효율성을 떨어뜨린다. 또 이로 인해 생긴 순환장애는 뇌의 효율성을 떨어뜨려 쉽게 피로감을 주고 키 성장을 방해한다.

---

### 거북목증후군 자가진단

1. 벽을 최대한 마주 보고 선 후, 얼굴을 돌려 뺨과 양어깨가 벽에 닿는지 확인해본다. 뺨은 닿는데, 어깨가 닿지 않거나 불편한 통증을 느낀다면 목에 이상이 있는 신호다.
2. 옆에서 보면 고개가 어깨보다 앞으로 빠져나와 있다.
3. 등이 굽어 있다.
4. 목 뒤가 뻣뻣해서 눈이 쉽게 피로하다.
5. 잠을 자도 피곤하고 뒷 목이 불편하다.

## 거북목 예방 스트레칭 운동

1. 앉아 있을 때 30분에 한 번 정도 손을 어깨 위에 올려놓고 팔꿈치로 원 그리기 운동을 10회씩 한다. 천천히 최대한 원을 크게 그린다.

2. 양어깨를 수시로 귀에 가까이 붙인다는 느낌으로 들어 올린다. 목과 어깨가 연결되는 부위의 근육이 풀어진다.

3. 팔을 뒤로 당겨 견갑골을 최대한 붙인다는 느낌으로 쭉 펴준다. 근육이 뭉칠 때마다 해준다.

4. 엎드린 상태에서 양손을 뻗고 다리는 바닥에 붙인 상태로 상체를 약간 든다. 등 쪽으로 힘이 주어지는 상태를 10초 정도 유지한 후 힘을 뺀다. 잠들기 전 10~20회 정도 반복한다.

## 척추측만증은 성장기에 주의해서 살펴야 한다

척추측만증은 척추가 'C자형'이나 'S자형'으로 휘어져서 몸의 좌우가 비대칭인 증상이다. 척추측만증은 키가 크면서 증상이 심해질 수 있다. 키 성장이 끝난 경우에는 더 이상 악화되지 않는다. 그래서 급성장기에 해당하는 사춘기 시기인 초등학교 4~5학년부터 중학교 3학년까지의 나이에 척추측만증이 있는 것으로 확인되면 치료의 대상이 된다. 성장할 기간이 많이 남아 있을수록, 측만의 각도가 클수록 적극적으로 치료해야 한다. 대체로 이 시기에 학교 검진이 이루어지며, 조기에 발견해 빠르게 관리해주는 것이 중요하다. 경험상 비위가 약해서 영양 섭취가 부족한 아이들이 척추를 버텨주는 복부의 힘이 약하고 뼈와 근육이 탄탄하지 못해 척추의 변형이 잦았다.

## 척추측만증의 단계

**1단계**
10도 미만으로 골반변형으로부터 측만증이 시작되는 단계

**2단계**
20도 이상으로 변형된 골반위의 척추가 곡선을 이루면서 변형하게됨

**3단계**
측만증 단계가 악화되어 흉추의 심한 변형과 요추 및 골반까지 전체적인 신체의 균형이 나빠짐

**4단계**
외관상 눈에 띌 정도로 심한 변형. 심한 경우 흉곽 내의 기관이 눌려 심폐기능 이상 초래

출처 : 저자 작성

## 척추측만증 자가진단

출처 : 저자 작성

1. 바른 자세로 서 있을 때 어깨 높이가 비대칭을 이루고, 한쪽 견갑골이나 갈비뼈가 다른 쪽보다 더 튀어 나와 있다.
2. 허리를 구부렸을 때 한쪽 등이 더 튀어나와 있다.

3. 좌우 골반 높이가 다르다.

4. 양쪽 다리 길이가 다르다.

## 바른자세 습관

출처 : 저자 작성

1. 의자에 앉을 때 등을 바짝 붙이고 허리를 펴고 앉는다. 공부 중 허리와 등
   이 의자등받이에 잘 고정되어 있어야 한다.

2. 다리를 꼬지 않는다.

3. 책가방은 최대한 무게를 줄여 양쪽 어깨에 매고 다닌다.

4. 스마트폰과 컴퓨터 화면은 눈높이까지 올려서 사용한다.

5. 굽이 너무 높은 신발은 피한다.

6. 스트레칭을 자주 한다.

## 바른 자세 스트레칭

1. 허리를 꼿꼿하게 펴고 바르게 선다.

2. 양쪽 견갑골을 붙이고 가슴을 활짝 열어준다.

3. 천천히 목을 뒤로 젖힌다.

"기분이 우울한 사람의 자세가 어떤지 생각해보세요. 구부정해요. 그 사람의 머리는 어디에 있나요? 아래쪽을 향해 숙여 있어요. 그들의 어깨를 쭉 펴고, 호흡 패턴을 바꾸고 더 바른 움직임을 취하면 각각의 변화들이 몸 안에서 완전히 다른 생화학반응을 일으킵니다."

세계적인 동기부여가 토니 로빈스(Tony Robbins)의 강의 내용의 일부다. 일명, '파워포지션'이라 불리며, 감정을 변화시키는 자세에 관한 내용이다. 원더우먼이나 슈퍼맨 같은 영웅처럼 엉덩이 위에 손을 올리고 가슴을 상 방향으로 활짝 연다. 그 상태로 2분 동안 깊이 숨을 쉬게 한다. 하버드 연구팀에서는 '파워포지션'이 몸에 실질적인 변화를 가져온다는 것을 확인했다.

이 자세와 호흡, 긍정적인 감정으로의 집중은 스트레스 호르몬인 코르티솔을 22% 감소시켰고, 두려움으로 하지 않았을 행동을 할 확률을 33% 더 높였다. 자세를 바꾸고 집중하는 감정을 바꾸면 획기적인 변화를 창조해낼 수 있는 것이다. 당당하고 바른 자세가 얼마나 중요한지를 말해주는 대목이다. 자세의 변화는 아이의 기분을 바꾸고 좀 더 긍정적으로 행동하도록 이끌어주는 시작점이 될 수 있다.

**"성장판이 거의 닫혔다는데 방법이 없을까요?"**
성장판이 닫히면 실질적으로 뼈의 길이가 길어지는 것은 불가능하다. 그러나 자세 교정을 통해 척추나 휜 다리에 숨어 있는 키를 찾아 키울 수는 있다. 아이의 몸 곳곳의 성장판은 한꺼번에 닫히지 않는다. 부위별로 시간 차를 두고 골화되어 닫힌다. 긴 뼈의 성장판은 닫혀도 척추의 성장판은 일부 남아 있다. 그래서 척추의 성장으로 2~3cm 더 자랄 수도 있다.

종종 어른들이 40~50대가 되어 키가 1~2cm 이상 줄어들었다며 속상해한다. 실제로 골밀도가 낮아지면 키가 줄어드는 것이 맞다. 반대로 청소년기부터 20대까지 충분한 영양 섭취와 운동, 자세 교정으로 골밀도가 상승하고 근골격계의 충실도가 높아지면 키가 커질 수 있다. 성장판이 거의 닫혔어도 바른 자세와 운동 습관, 영양 섭취로 숨은 키를 키울 수 있는 것이다.

척추는 등 뒤에서 볼 때는 일자로 뻗어 있는 듯 보인다. 옆에서 보면 S자 형태의 곡선을 이룬다. 그래서 체중을 지탱하거나 외부로부터 충격을 받으면 곡선 형태의 구불구불한 척추를 따라 힘을 전달하므로 힘이 느리게 전달되어 충격을 완화시킨다.

자세가 나빠 척추의 곡선이 흐트러지면 척추가 압력을 견디는 힘이 약해져서 척추 뼈마디 사이의 디스크가 짓눌려 키가 줄어든다. 척추 사이사이에는 성장판이 대나무 마디처럼 끼여 있다. 척추 사이의 혈액순환이 좋아야 성장판으로 혈액 내 호르몬과 기타 영양, 산소 공급이 원활해 키 성장에 이롭다.

앉아 있는 시간이 길어짐에 따라 아이들은 의식하지 못하는 사이에 나쁜 자세가 습관으로 자리 잡기 쉽다. 자세가 구부정하면 위장이 눌려 소화가 안 된다. 목이 앞으로 빠지면 뇌로 혈액순환이 원활치 않아 머리가 맑지 않다. 자세가 구부정하면 기분도 우울해지고 부정적인 감정이 강화된다.

당당하고 바른 자세는 뼈와 근육이 올바른 위치에 있으면서 각 기관이 제 역할을 하게 해준다. 어릴 때부터 좋은 자세 습관으로 키 성장은 물론, 각종 질병을 미연에 예방하고 밝고 긍정적인 아이로 자랄 수 있도록 도와야 한다.

180
170
160
150
140
130
120
100

# 06

# 잘 쉬어야
# 키가 큰다

**"요즘 아이가 화장실에 들어가서 안 나와요"**

내가 사춘기 아이를 둔 부모님과 상담하는 도중에 참 많이 듣는 하소연이다. 화장실에 들어가서 안 나오는 아이를 보면, 부모는 혹여 아이의 장이 건강하지 않은 것인지 걱정이 될 수밖에 없다. 그러면 나는 아이에게 묻곤 한다. "○○아, 배변이 시원하지 않아?" 그러면 아이는 "아니요. 아닌데요"라고 대답한다. 내가 배를 누르며 복진(腹珍)을 해보아도 별문제가 없는 경우가 태반이다. "그럼 변기에 앉아서 뭐 하니?"라고 물으면 "그냥 있어요"라고 답한다. 대체로 딴생각도 하고 스마트폰도 보며 앉아 있는 것이리라. 화장실이라는 혼자만의 공간에서 아이가 조용히 쉬는 것이다.

아이는 학교나 학원에 가면 늘 친구들, 선생님과 함께 생활한다. 하루의 일정을 소화하고 집에 오면 밥을 먹은 후, 씻고 숙제하고 시간이 나면 SNS를 확인하고 구독한 유튜버의 영상도 훑어본다. 이래 저래 조용히 혼자 있을 틈이 없다가 욕실 변기에 앉으면 그제야 일명 '멍 때리기'로 시간을 보내는 것이다.

### 아이도, 어른도 제대로 쉬지 못하고 있다

아이가 쉬는 시간이 부족하다고 하면 부모님들은 납득하지 못한다. 맨날 쉬는 듯 보이기 때문이다. 맞다. 쉴 틈은 있다. 하지만 아이들은 시간이 있어도 쉬지 않는다. 스마트폰이 유치원생부터 고등학생 손에까지 두루 쥐어져 있기 때문이다.

영국에서는 11~18세 사이의 모든 청소년의 절반이 한밤중에도 스마트폰을 몇 번씩 들여다본다고 대답했다. 그리고 그중 70%가량은 그런 행동이 학업에 지장을 줄 수 있다고 답했다. 이로 인한 수면 부족은 딸들에게 두드러졌다. 딸들은 SNS의 피드를 놓치지 않기 위해 애쓰기 때문이다. 그럼, 낮 시간 동안은 어떨까? 우리도 알다시피 아이들은 틈만 나면 SNS, 유튜브, 게임 등의 스크린 타임(screen time)을 가진다. 여유시간의 상당 부분을 할애한다. 아이들에게 그 시간에 좀 쉬라고 하면 스크린 타임이 쉬는 시간이라고 이야기한다.

정말 스마트폰으로 동영상을 시청하거나 게임을 하면 몸이 쉬어지는 걸까? 미국에서는 1990년대 말부터 매년 대규모 그룹을 대상으로 미국 10대들의 생활방식을 추적조사해 왔다. 조사 결과, 10대가 디스플레이 앞에서 보내는 시간이 많을수록 긴장도가 올라가며 자신이 불행하다고 느끼는 비율이 증가했다. 반면, 다른 사람들과 어울리거나 운동, 악기 연주 등 다른 활동을 한 경우는 뇌가 안정되고 기분이 더 좋아졌다.

《육아내공100》의 김선미 작가는 '아이에게서 스마트폰을 뺏어야 하는 이유'로 이렇게 말한다. "슬롯머신 당기고 앉아 있는 거랑 뭐가 달라. 마약이지. '디지털 마약'. 한 번 접하면 끊을 수 없는 '도파민 중독'. 뺏어라. 당장 뺏어서 대리석 식탁 모서리에 빡! 오케이?" 라고.

10대 아이의 손에 스마트폰을 쥐어주고 알아서 조절하라고 기대하는 것은 비현실적이다. 스마트폰을 쥐고 있는 아이는 쉴 수 없다.

뇌는 다양한 영역과 시스템으로 구성되어 있다. 이 시스템들은 서로 다른 속도로 발달한다. 이마 뒤에 자리한 전두엽이 가장 늦게 발달한다. 전두엽은 충동을 억누르고 보상을 지연시키는 역할을 한다. 이 부분은 25~30세가 되어서야 완전히 발달한다. 그래서 "눈앞의 스마트폰을 보지 마라. 그 시간에 잠을 자고 운동을 하렴. 콜라도 마시지 않아야 키가 더 잘 자란단다"라는 조언에 스스로를 조절하는 10대는 적다. 키가 크고 싶은 마음은 굴뚝같으나 스마트폰과 콜라를 조절하기란 쉽지 않다. 그들의 전두엽은 덜 자랐기 때문이다.

아이들이 쉬지 못하는 이유가 또 있다. 인스턴트음식과 편식 때문이다. 나폴레온 힐(Napoleon Hill)의 《결국 당신은 이길 것이다》에 담긴 내용이다.

"인간은 위 속으로 다양한 음식물을 마구잡이로 쏟아붓지. 이렇게 되면 몸에서 일어나는 화학반응에 따라 몸속으로 들어간 음식물이 치명적인 독소로 전환되네. 이러한 독소가 우리 몸의 배설기관에 고여서 썩으면 노폐물이 배출되는 속도가 느려지지. (중략) 도시의 하수 시설이 과부하로 인해 오수로 넘쳐 흐르거나 오염 물질들로 막히면 쾌적한 장소가 못 되지 (중략) 나는 현명하게 먹고 배설기관을 깨끗하게 유지하는 인간을 지배할 수 없네. 왜냐하면 배설기관이 깨끗하다는 것은 신체가 건강하고 두뇌의 기능이 제대로 돌아간다는 의미이기 때문이지."

이 책은 건강분야 도서가 아니다. 1938년에 성공철학의 대가 나폴레온 힐이 수동식 타자기로 작성한 내용이다. '인간을 방황하게 하는 습성'에 대해 악마와의 인터뷰 형식을 취한 책 내용의 일부다. 정말 촌철살인의 내용이다.


"아이가 늘 피곤하다고 해요", "체력이 없어요"라는 말로 아이 걱정을 하는 부모님을 나는 많이 만난다. 막상 보면 그중 일부 아이들은 약하거나 부실하지 않았다. 오히려 체격이 크고 복부비만인 아이도 많았다. 진단해보면, 피로의 원인은 마구잡이로 먹은 음식 때문이었다. 수시로 마시는 음료수와 가방에 넣어두고 꺼내 먹는 과자들이 아이를 힘들게 하는 것이다. 그런 아이들은 급식에 나오는 시금치, 상추 등의 각종 채소는 버리고 고기와 밥만 골라 먹었다. 그리고 학원 마치고 늦은 저녁에 귀가하면 라면, 치킨, 빵 등을 먹은 후, 더 부룩한 배를 끌어안고 바로 잠을 잤다.

가공식품은 제대로 된 영양소가 거의 없다. 과자, 아이스크림 같은 간식은 인공감미료, 합성보존료, 색소 등이 첨가되어 소화 시간이 배로 길다. 합성첨가물은 1950년대 이후로 우리 식탁에 등장한 물질로, 우리 몸은 이를 소화시키는 데 큰 피로를 느낀다.

또한 잠자는 동안 음식물을 소화하고 흡수하는 데 각종 소화효소와 호르몬들이 쓰인다. 키 성장과 면역, 독소 배출은 '음식 소화'에 우선순위를 빼앗겨 뒤로 밀린다. 밤새 해독하지 못한 혈액이 온몸에 돌면 아침에 눈 뜨기 힘들고 몸은 천근만근이다. 밤새 높은 혈당으로 인해 성장호르몬은 제 역할을 충분히 수행하지 못한다. 당연히 몸은 피로하고 노폐물로 인해 살은 찌고 키는 덜 자랄 수밖에 없다.

뼈나이는 혈액 내 산화물질로 인해 진행이 빨라진다. 키 클 시간이 줄어드는 것은 당연지사다. 이런 습관을 매일 반복하면 아이는 만성피로와 성장 부진과 복부비만을 겪게 된다.

소화기의 휴식은 너무나 중요하다. 아이들이 낮에는 신선한 채소, 과일을 최대한 챙겨 먹고 잠자기 2시간 이내는 금식해 위장을 쉬게 해야 한다.

아이들은 어릴수록 나가서 집에 들어오지 않으려고 한다. 반면, 커갈수록 집 밖으로 나가지 않으려 한다. 방 안에서 혼자 보내는 시간을 더 좋아하기도 하고 가만히 앉아 원하는 영상을 보는 것이 더 편하기 때문이리라. 그러나 건강하게 잘 자라기 위해서는 아이가 밖으로 나가는 것이 좋다.

넓은 공간에 나가면 뇌파가 알파파로 변한다. 알파파는 우리 뇌에서 엔도르핀이라는 호르몬을 분비시키는 데 관여한다. 알파파는 즐거운 느낌과 고요한 기분을 만들어내면서 전두엽을 지배하게 된다. 전두엽은 고요하고 조용할 때 외부로부터 정보를 더 잘 받아들인다. 알파파가 중요한 이유다. 그러므로 휴식을 취할 때는 넓은 공간에 나가 산책을 하거나 가벼운 운동을 하면 좋다. 확 트인 하늘 아래 걷거나 나무 그늘 아래 기분 좋게 앉아 있으면 뇌와 몸이 쉴 수 있다. 더불어 키 성장을 돕는 각종 호르몬 수치는 올라간다.

스트레스와 일상생활에서 소비된 에너지를 다시 회복하고, 피로를 덜어주는 것이 바로 휴식의 힘이다. 넉넉한 휴식 시간은 면역력을 강화하고 성장을 촉진시키고 질병을 예방하는 데 도움이 된다. 그러기 위해서는 뇌와 소화기를 '비우기'로 쉬게 해야 한다.

자연 속에서 스마트폰 없이 쉬어야 한다. 스크린 타임이 아닌 자연 속 산책과 멍하게 보내는 시간으로 뇌를 쉬게 해야 한다. 인스턴트 음식을 피하고 신선한 채소와 과일을 먹고, 자기 직전에 음식 섭취를 피해 위장을 쉬게 해야 한다. 규칙적으로 쉬는 시간을 설정하고, 그것을 준수하는 것이 중요하다. 매일 일정한 시간 동안 쉬는 시간을 가지거나, 주말에 충분한 시간을 휴식에 할애하는 방식 등을 사용할 수 있다.

운동, 명상, 독서, 춤 등 아이에게 맞는 방식을 선택해서 휴식을 즐기는 것이 중요하다. 자연과 접촉을 통해 휴식하는 것이 가장 효과적이다. 산책하거나 자연 속에서 휴식을 취하는 시간을 갖는 것으로 아이의 마음과 몸을 편안하게 만들 수 있다. 이러한 휴식 습관이 키 성장으로 이어지는 넓은 통로가 될 것이다.

# 07

# 건강한 장이
# 면역력을 키운다

미국은 1945년에 일본에 원폭을 투하하면서 전쟁을 종결시켰다. 원폭이 떨어진 히로시마와 나가사키는 향후 100년간 죽은 도시가 될 것이라고 학자들은 전망했다. 하지만 히로시마와 나가사키, 두 도시에는 1년 안에 풀과 나무가 자라기 시작했다. 학자들은 의아해했다.

그러나 곧 그 이유를 알아냈다. 해답은 바로 땅속 미생물에 있었다. 방사선 물질을 먹어 치우는 미생물이 땅속에 살고 있었기 때문이었다. 땅속 미생물은 지구상의 온갖 찌꺼기를 분해해 흙으로 만든다. 지금도 지구 곳곳에서 땅속 미생물이 병든 대지를 치유하고 있다.

마찬가지로, 사람 몸속에서는 장내 미생물이 땅속과 비슷한 역할을 한다. 우리 몸은 약 100조 개의 세포로 이루어져 있다. 그런데 우리 몸에 사는 미생물 숫자는 100조 개 이상으로 우리 체세포의 숫자보다 많다. 우리 몸은 가히 세균 호텔이라 할 만하다. 그것도 늘 만실인 초대형 세균 호텔이다.

이 미생물의 종류와 분포는 나이와 생활 습관에 따라 다르다. 우리 몸속 장내 환경을 결정하는 게 장내 미생물이다. 입에서 항문까지 이르는 소화기관은 늘 외부에서 들어오는 음식으로 인해 건강을 해치는 세균과 바이러스가 침입할 가능성이 크다. 그래서 국경에 군대가 있듯이, 위장관 주변에는 면역세포가 보초를 서고 있다. 면역세포와 함께 장내 미생물 또한 보초를 서고 있다. 같은 종끼리 뭉쳐서 빈틈없이 장내 벽면을 뒤덮은 모양으로 있는 모습이 마치 식물이 모여 사는 모습과 비슷하게 보여 장내 플로라(flora)라고 부른다.

장내 플로라라고도 부르는 장내 세균총은 사람의 건강 상태에 따라 달라진다. 사람이 음식을 먹으면 먹은 음식물은 입속의 침과 위의 위산과 섞여 죽처럼 녹은 상태로 소장에 이른다. 소장은 쭈글쭈글한 주름과 융모로 이루어져 있다. 주름을 펴면 표면적이 소화관 총면적의 약 90%에 달한다. 이 넓은 표면적으로 영양분을 쪽쪽 흡수한다. 소장은 대체로 무균 상태다. 위에서 내려온 음식이 강한 위산에 의해 거의 소독된 상태로 내려오기 때문이다. 하지만 소장 말단부터는 장내 세균총이 자리 잡기 시작한다.

입을 통해 우리 몸속으로 들어오는 유해 독소만 8만 가지가 넘는다. 정상적인 장내 환경은 장내 세균총의 상태가 결정한다. 좋은 장내 세균총의 상태는 유익균과 부패균의 비율이 85:14 정도다. 장내 유익균은 음식물의 소화를 도우면서 외부에서 침입하는 유해 물질을 분해한다. 자연의 흙 속 미생물이 숲속의 각종 쓰레기와 낙엽, 사체를 분해하듯, 장내 유익균은 우리 몸속으로 들어오는 유해 물질이나 소화가 덜 된 음식물 찌꺼기를 분해한다.

그러나 장내 환경은 사람마다 다르다. 동일한 음식을 먹더라도 탈이 나는 사람이 있고 괜찮은 사람이 있는 이유다. 바이러스에 오염된 공기 속에서 똑같이 생활해도 괜찮은 아이가 있는 반면, 꼭 목이 붓고 콧물이 나는 아이가 있는 것도 이와 마찬가지다.

최근에는 미세플라스틱이 사회적인 문제가 되고 있다. 종이컵, 컵라면 용기, 페트병 등을 통해 자신도 모르는 사이에 수많은 양의 미세플라스틱을 먹는다고 한다. 매주 평균적으로 약 5g 정도의 양을 먹는데, 이는 우리가 흔히 사용하는 신용카드 한 장 분량이라고 한다. 한 달이면 21g짜리 칫솔 한 개를 먹는 셈이다. 이런 경악할 만한 상황에서 감사하게도, 우리의 장내 미생물은 미세플라스틱을 배출시키는 소중한 역할을 한다. 배변이 원활하고 장이 건강할수록 그렇지 않은 사람에 비해 미세플라스틱 배출력이 좋다.

장내 미생물은 몸에 좋은 효소와 비타민을 합성한다. 장내 미생물이 분비하는 효소는 우리 몸의 신진대사와 호르몬 활동을 돕는다. 게다가 미생물이 합성하는 비타민 K는 혈액 응고와 칼슘의 대사에 영향을 끼친다. 참 신통방통하고 믿음직스러운 용병이 아닌가.

장이 건강하지 못하면 유해 세균이 장내에서 세력을 확장한다. 유해 세균은 세포로 가야 할 영양소를 가로채고 유독가스를 만들어낸다. 장은 외부 독소와 세균을 방어하는 1차 관문의 역할을 한다. 1차 해독은 장이 맡고, 2차 해독은 간이 맡고, 마지막 수비는 백혈구가 맡아서 방어한다. 이것이 우리의 면역 메커니즘이다. 백혈구까지 가기 전에 1차 관문인 장에서 수비를 잘해야 한다. 호미로 막을 것을 가래로 막을 필요는 없지 않은가.

장내 세균총이 튼튼하면 바이러스를 쉽게 이겨낼 수 있다. 아이들은 학교, 유치원에서 감기와 같은 바이러스성 질환에 쉽게 노출된다. 장내 환경이 좋은 아이들은 감기를 하더라도 쉽게 낫는다. 장내 유익균이 영양 흡수를 잘 돕고 바이러스를 잘 막아내기 때문이다.

나는 매년 키 성장 상담으로 1,000명이 넘는 아이들을 만나 왔다. 그 아이들은 저마다 다양한 생활 습관을 갖고 있었다. 그중에 유독 아주 고집스러운 아들이 1명 있었다. 중학교 2학년인 기영이는 키가 163cm이고 체중은 70kg인 단단한 체구의 아이였다. 중학교

2학년임에도 뼈나이의 진행이 빨라 성장판이 거의 닫히기 직전이었다. 기영이는 늘 복통이 심해서 조퇴가 잦았다. 앞머리를 눈썹 아래까지 길러 이마에 난 여드름을 감추고 다녔다. 그래서 눈만 간신히 보였다. 외동아들이라 엄마의 조바심과 걱정은 하늘을 찔렀다.

나는 키 성장 상담을 하다 보면 같은 부모 입장이라 자연스레 아이를 키우는 고충을 함께 나누게 된다. 외동아이를 키우는 부모는 때때로 아이가 여럿인 부모보다 더 힘들어한다. 아이가 하나이다 보니 마음이 약해진 부모는 아이에게 끌려가기 일쑤다. 기영이네도 그랬다. 기영이는 어릴 때부터 물을 전혀 마시지 않았다. 음료수만 마셨다. 생수나 보리차도 전혀 마시지 않았다. 초등학교 6학년까지 밥과 구운 고기, 김치만 먹었다. 국과 반찬, 과일도 전혀 먹지 않았다. 그러다 보니 늘 설사, 복통을 달고 살았다. 열이 많아 더위를 심하게 타고 땀을 많이 흘렸다. 틱과 ADHD약도 수년간 먹고 있었다.

'장누수증후군'이라는 증상이 있다. 10여 년 전까지 의학계에 받아들여지지 않았지만, 지금은 관련 논문이 셀 수 없이 많아졌다. 'Leaky gut syndrome'을 그대로 번역하면 '장이 줄줄 새는 증상'이라는 뜻이다. 해부학적으로 볼 때 입에서 항문으로 이어지는 소화관은 '몸 바깥'에 해당한다.

예를 들어, 내가 밥을 한 숟가락 삼켰다. 배 속에 들어간 밥은 여전히 몸 바깥에 있는 것이다. 위, 장벽의 세포는 한 겹의 상피세포로 덮여 있다. 마치 빈틈없이 잘 짜인 한 층의 벽돌 구조 같다. 이 밥 한 숟가락은 위를 지나 장벽을 통과해 들어와야 '몸 안'으로 들어온 것이다.

그런데 각종 식품 첨가물과 항생제, 밀가루 음식, 소화되지 않은 단백질은 장내 부패균을 늘린다. 그로 인해 장벽의 결합을 헐겁게 만든다. 그렇게 되면 영양 흡수는 제대로 되지 않는다. 반면 부패 가스는 늘어 복통과 설사가 생긴다. 이렇게 1차 방어선이 무너지면 염증, 감염이 잦고 키도 덜 자랄 수밖에 없다.

그럼 면역과 영양 흡수의 1차 관문인 장상피 세포와 장내 유익균을 살리기 위해 무엇을 해야 할까? 장 환경의 열쇠는 장내 미생물이 쥐고 있으니 장내 미생물이 좋아하는 음식을 먹어야 한다. 장내 미생물이 좋아하는 음식은 크게 2가지다. 식이섬유가 풍부한 음식과 발효식품이다. 식이섬유가 풍부한 음식으로는 채소와 과일, 해조류, 발아현미가 대표적이다. 발효식품으로는 된장, 청국장, 낫또 등이 있다.

아침에 일어나면 아이에게 따뜻한 물 한 잔을 마시게 하자. 아침의 물 한 잔은 우리의 몸과 뇌를 깨운다. 물이 위장으로 흘러 들어가면 이를 신호로 장이 연동 운동을 시작한다. 이로 인해 장내 찌꺼기가 빠르게 배변으로 빠져나간다.

낮에 충분한 햇빛을 보는 것도 장 건강에 좋다. 햇빛으로 활성화된 비타민 D는 장에서 칼슘과 인의 흡수를 촉진한다. 아이들 뼈 성장에 도움이 되라고 칼슘을 먹는 것만으로 뼈를 튼튼하게 할 수 없다. 장에서 칼슘 흡수가 이루어지지 않으면 무슨 소용인가. 장 건강이 뼈 성장과 면역의 핵심 키다. 아이들이 낮에 외부 활동을 통해 햇볕을 쬐도록 해야 한다.

지구가 지금의 초록별이 되기까지 미생물의 공은 실로 절대적이었다. 무게만을 따져도 지구 생명체의 60%를 차지한다. 대변 내용물의 40%가 미생물이고 나머지가 음식 찌꺼기, 대장 세포, 점액이다. 장내 유익균은 우리 면역의 70%를 담당한다. 장내 유익균을 살리는 것이 장 건강을 지키는 것이고, 장이 건강해야 우리 아이들이 아프지 않고 영양을 흡수해 잘 자란다.

기영이를 어린 시절로 되돌려 생각해보자. 15년간 물도 잘 마시고 채소, 과일, 잡곡밥을 안 가리고 골고루 잘 먹었다면 어땠을까? 중학교 2학년인 현재 거의 다 자란 키가 163cm에 그쳤을까? 그렇게 심한 여드름에 고민하며 틱, ADHD약을 먹고 있을까? 지금처럼 복통, 설사로 힘들었을까? 아마 아닐 것이다. 아이의 하루하루는 뇌와 몸, 생각과 감정이 벽돌로 집을 짓듯이 쌓이며 성장하는 시간이다. 기영이가 15년이란 긴 시간 동안 다르게 생활했다면, 아마도 10cm는 더 자랐을 것이다.

# CHAPTER 5

# 내 아이 키,
# 아는 만큼 키울 수 있다

# 내 아이 키,
# 아는 만큼 키울 수 있다

180
170
160
150
140
130
120
100

"부모의 키가 작아서 아이는 미리부터 많이 키우고 싶어 왔어요"

의학적인 관점에서 저신장은 하위 3% 미만인 아이에 해당한다. 매년 4cm 미만으로 키가 자라는 아이가 성장 부진에 해당하는 것이다. 하지만 요즘 나를 찾아오는 대부분의 부모와 아이들은 평균 키보다 큰 키를 원해서 오는 경우가 많았다. 작은 키를 면하는 것에 그치는 것이 아니라 키가 큰 편에 속하고 싶다면, 어릴 때부터 평균 키 이상을 꾸준히 유지해야 한다.

체계적으로 관리하기 위해서 저신장에 속하는 경우와 큰 키가 될 가능성이 적은 경우로 나누어 살펴보자. 저신장에 속하는 경우, 장시간의 성장 치료 기간과 생활 관리가 필요하다. 큰 키가 될 가능성이 적다고 판단되는 경우는 속히 생활 습관을 바꾸고 일정한 간격으로 성장 치료를 진행하는 것이 좋다.

## 저신장을 의심해야 하는 경우

• 현재 키가 하위 3% 미만인 경우

• 사춘기 이전에 1년에 4cm 미만으로 자라는 경우

• 태어날 때부터 지속적으로 하위 10% 미만인 경우

• 유전적인 예상키가 하위 3% 미만인 경우

• 키는 보통인데 뼈나이(BA)가 2년 이상 빠른 경우

• 태어난 후로 줄곧 잔병치레를 달고 사는 경우

## 큰 키가 될 가능성이 적은 경우

• 현재 키가 평균 이하인 경우

• 사춘기 이전에 꾸준히 평균 이하로 자란 경우

• 보통 키로 자라다가 클수록 키 순위가 뒤로 밀리는 경우

• 부모님 중에 매우 키가 작은 분이 계실 경우

• 키는 보통인데 사춘기가 일찍 올 경우

• 편식이 심하고 잘 안 먹는 경우

• 인스턴트 식품과 고기만 좋아하고 채소는 안 먹는 경우

• 운동하는 것을 아주 싫어하는 경우

• 밤에 꾸준히 늦게 자는 경우

• 매사에 예민해서 짜증이 많고 부정적인 경우

• 스마트폰이나 컴퓨터 게임을 매일 2시간 이상 하는 경우

저신장의 원인은 일차성과 이차성으로 나눈다. 일차성 저신장은 골격계의 내부 결함으로 발생하는 저신장이다. 뼈나이(BA)가 실제 나이(CA)에 비해 지연이 없고 엄마 배 속에서부터 체구가 작으며 태어난 이후에도 키가 꾸준히 작게 자란다. 반면, 이차성 저신장은 외부의 환경적 원인으로 발생하는 저신장이다. 그래서 원인 질환이 해결되면 키가 잘 자라기 시작한다. 특징적으로 뼈나이(BA)가 실제 나이(CA)에 비해 현저히 작게 나타난다.

### 일차성 저신장의 원인

- 골격 형성 장애: 연골 무형성증(Achondroplasia) 등
- 염색체 이상: 터너증후군, 다운증후군
- 선천성 대사 이상
- 자궁 내 성장 지연
- 저신장을 동반한 기타 증후군: Russel-Silver syndrome, Seckel syndrome, Prader-Willi syndrome 등
- 유전성 저신장: 가족성 저신장

### 이차성 저신장의 원인

- 영양 결핍: 소모성, 각종 비타민·무기질 결핍
- 만성 전신성 질환: 장 질환, 호흡기 질환, 면역 저하

- 뇌 발달 및 신경질환: ADHD, 틱, 자폐 등
- 내분비 질환: 성장호르몬 결핍증, 갑상선 기능저하증, 성조숙증 등
- 각종 알레르기 질환: 아토피, 비염, 두드러기 등
- 체질성(특발성) 성장 지연

저신장의 원인은 앞서 언급한 질환 이외에도 굉장히 다양하다. 그 중 가장 많은 원인은 가족성 저신장과 체질성 성장 지연이다.

가족성 저신장은 부모와 조부모가 키가 작으면 아이들도 작은 경우를 말한다. 유전 키를 계산해보았을 때, 예상키가 매우 작다면 어려서부터 아이의 키 성장에 많은 관심을 가질 필요가 있다. 물론, 앞에서도 언급했듯이 아이의 유전 키가 최종 키를 절대적으로 결정하는 것은 아님을 기억하자. 다만, 키가 작은 부모는 키가 큰 부모보다는 상대적으로 아이의 키에 관심과 노력을 기울여야 한다.

체질성 성장 지연은 또래보다 키가 작고 성장 속도가 약간 더디다가 나중에 급격하게 자라나는 경우를 말한다. 쉽게 말해 '늦게 자라는 아이'를 뜻한다. 이런 경우, 대체로 부모님의 키도 평균 이상이며 엄마의 초경 시기도 늦었고, 아빠도 고등학교 이후로 키가 자랐다는 가족력이 있기 쉽다. 또한, 체질성 성장 지연에 속하는 아이들은 키 성장에 방해되는 질환이나 나쁜 습관도 없고 뼈나이도 실제 나이보다 어리다.

이러한 조건이면 어릴 때는 키가 작지만, 나중에는 평균 혹은 그 이상의 키로 자랄 가능성이 있다. 어릴 때 키가 작더라도 크게 걱정을 하지 않아도 되는 것이다.

단, 많은 부모가 주변의 이런 경우를 보고, '우리 아이도 늦게 크지 않을까?' 하는 막연한 기대감으로 성장 시기를 놓쳐버리는 경우가 많다. 그러나 갈수록 체질성 성장 지연의 빈도는 줄어들고 있다. 늦게 자라는 아이보다는 알레르기 질환이나 면역 문제로 키가 덜 자라는 이차성 저신장이 늘고 있는 것이다.

그래서 막연한 기대로 아이가 체질성 성장 지연이라고 판단해서는 안 된다. 만약 딸들이 초경을 시작했거나 아들들이 음모가 나고 변성기가 왔다면 늦게 자라는 체질성 성장 지연일 가능성은 없다. 간혹 이차 성징이 다 나타나고 있음에도 '늦게 자라지 않을까' 기대하고 성장하기를 기다리는 경우를 종종 보게 된다. 이런 경우, 나는 부모와 아이의 기대를 무너뜨리는 검사 결과를 말해야 함에 참 곤혹스럽다.

유진이는 나와 함께 성장클리닉을 4년간 진행한 아이다. 유진이의 아빠 키는 158cm, 엄마 키는 162cm였다. 엄마가 아빠보다 키가 조금 더 컸다. 유진이의 최종 예상키는 147cm였다. 유진이는 특별한 질환은 없었고, 채소 섭취와 운동을 다소 싫어했다. 특징적으로,

유진이는 유독 키 작은 아빠를 붕어빵처럼 빼닮은 모습이었다. 안타깝게도 얼굴부터 체형까지 엄마의 유전적 영향은 찾아보기 힘들었다.

성장클리닉을 진행하면서도 다른 친구들에 비해 키 성장이 더뎌서 나를 애타게 했다. 다행히 유진이는 중학교 2학년 1학기까지 초경 시기가 지연되면서 153cm까지 큰 후, 성장클리닉을 마무리했다. 이후 클 예상키를 생각하면 유진이의 최종 키는 155cm 남짓 될 듯하다. 유진이가 전형적인 가족성 저신장의 사례라 하겠다.

드물긴 하지만 성장호르몬 치료가 꼭 필요한 경우도 있다. 성장호르몬 결핍증, 터너증후군, 만성 신부전 등의 질환이 이에 속한다. 이런 경우는 보험 적용을 받을 수 있다. 성장호르몬 치료 시 유전자 재조합 방식을 이용해 생산된 합성호르몬(rhGH)을 사용한다.

상기 질환으로 인한 저신장의 경우는 성장호르몬 치료를 시작하면 성장판이 닫힐 때까지 치료를 지속한다. 그런데 어릴 때 성장호르몬 결핍증으로 진단받았음에도 18세 이후로 성장호르몬 분비 능력이 생겨나는 경우도 있다. 성장호르몬 분비 자극 검사를 다시 시행해서 확인할 수 있다.

유전 키가 작은 가족성 저신장의 경우는 표준 키 이상이 되기 위해 어릴 때부터 학기별로 키를 체크해야 한다. 또한, 초등 입학 시기에 성장판 x-ray를 통해 뼈나이를 확인하고 최종 예상키도 살펴봐야 한다. 지속적으로 키 성장에 관심을 두고 생활 관리와 때에 맞춘 면역, 성장 치료를 해주어야 한다.

반면, 유전 키가 크더라도, 아이가 큰 키가 될 가능성을 낮추는 여러 가지 습관을 가지고 있다면 반드시 이를 해결해야 한다. 유전 키가 크더라도 성장을 방해하는 습관으로 인해 키가 작은 경우가 많았다. 부모와 아이는 고학년이 되어서야 최종 키를 확인하고 망연자실해하는 사례를 나는 정말 많이 보았다. 유전 키만 믿고 생활 습관을 방치하면 안 되는 이유다.

180
170
160
150
140
130
120
100

## 02

# 키가 클 수 있을 때
# 많이 키워라

아이의 나이별로 부모가 해주어야 할 일이 다르다. 만 3세 이전은 1차 급성장기다. 이 시기에 아이는 빠른 속도로 살이 찌고 키가 큰다. 이때 엄마는 아이가 체중이 잘 늘고 있는지 확인해야 한다. 그리고 이유식을 골고루 제대로 해 먹이고 있는지 점검해야 한다. 이유식을 다양한 식재료로 고르게 먹여야 이후에 편식이 생기지 않는다. 무엇보다 가장 키가 잘 자라는 시기이므로 이를 놓쳐서는 안 된다.

심리적 발달단계도 알아두어 아이가 밝고 긍정적으로 자라도록 뒷받침해주어야 한다. 발달 단계상 0~12개월까지는 완전 의존기다. 아이의 눈빛을 길잡이 삼아 아이의 욕구를 잘 따라가 주며 많은 대화로 지적 자극을 주어야 하는 시기다. 무엇보다 풍부한 스킨쉽과 칭찬으로 '너는 사랑스러운 존재야'라는 느낌을 전해주어야 한다. 아이에게 엄마는 우주다. 엄마가 전해주는 느낌은 세상에 대한 신뢰감으로 이어진다. 이때 형성된 부모와의 애착이 불안과 두려움이 적은 긍정적인 아이로 자라도록 해주는 밑거름이 된다.

12~18개월은 걸음마 시기다. 이때 엄마는 아이가 넘어질까 봐 불안해 아이에게서 한시도 눈을 떼지 못한다. 이 무렵, 아이는 어른들을 흉내 내며 논다. 병원 놀이, 시장 놀이, 카페 놀이 등으로 무엇이든 만지며 노는 시기인 만큼 깔끔한 집은 포기하고 위험한 물건은 없애야 한다. 그래서 아이가 집안에서 자유롭게 놀 수 있도록 해주어야 한다.

때때로 아이는 그림책을 찢기도 하고 우유를 바닥에 일부러 쏟아보기도 한다. 막상 아이가 그렇게 노는 것을 보면 엄마는 화가 날 수밖에 없다. 청소할 일이 막막할 테니 말이다. 나도 바닥에 흘린 우유나 주스를 닦고 벽에 튄 자국을 지우면서 한숨 쉰 적이 많아 그 마음을 너무 잘 안다.

그럼에도 아이가 뇌가 발달하고 유능해지는 시간이라 여기며 감사하면 좋겠다. 지저분한 것이 싫으면 실외놀이를 맘껏 할 수 있도록 해주어도 좋다. 엄마의 무한 체력은 필수다. 아이가 잠이 들면 엄마는 그제야 개인 시간을 갖게 된다. 하지만 그 시간에 늦도록 각종 영상을 보며 혼자만의 달콤한 시간을 즐기다 보면 잠이 부족하고 체력이 바닥나 다음 날 아이에게 유튜브만 틀어주게 될 수도 있다. 아이가 잘 때 엄마도 같이 자야 한다. 이 시기는 아이의 뇌 발달과 키 성장에 중요한 시기임을 한 번 더 강조한다.

18~26개월은 반항기다. 이때를 '꼬마 사춘기'라 할 수 있다. 이 시기는 아기에서 어린이로 넘어가는 과도기로 아이는 "안 해", "싫어"라는 말을 자주 반복한다. 혼자 옷을 입겠다고 했다가 입혀주면 화를 내곤 한다. 또 스스로 정한 순서로 산책을 해야 하고, 계절에 안 맞아도 입던 옷만 입겠다고 고집을 부리기도 한다. 이렇듯 부모의 인내심을 시험한다. 그러나 이럴 때일수록 부모가 융통성 있고 유머러스하게 잘 대처해야 한다.

36개월 전의 아이에게는 반드시 지켜야 하는 약속이나 규칙은 없는 것이 좋다. 약속과 규칙을 이해할 수 있는 뇌 발달 상태가 아니다. 그럼에도 불구하고 부모가 깔끔한 정리 정돈과 약속 지키기 등을 강요하면, 아이는 훈육의 내용보다는 부모의 부정적 감정만을 기억하고 내면화시킨다. 스스로를 '나는 사랑받을 만한 아이가 아니야. 못난이야'라는 자기 이미지를 갖게 되는 것이다. 그러므로 규칙, 약속 등은 36개월이 지난 후에 가르쳐야 한다. 그렇게 해야 아이가 강박적이거나 완벽주의적 성격을 갖지 않고 원만하고 밝게 자란다.

"금욕주의자들은 빵과 물과 담요만 가지고 아주 수월하게 신의 길을 추구하고 있으나, 만일 그 길이 최선이라면 신을 보기란 누워서 떡 먹기처럼 쉬울 것이다. 그러나 그들에게 배우자와 자식을 딸려줘 신을 보게 하라! 새벽 3시에 깨어나 기저귀를 갈아달라고 보채는 아기에게서 신을 보게 하라! 월말마다 지불해야 하는 청구서에서 신을 보게 하라! 배우자를 덮친 병과 가장의 실직, 아이의 열과 부모의 근심에서 신을 보게 하라! 바로 이것이 '성스러운 삶'인 것이다."

닐 도널드 월쉬(Neale Donald Walsch)의 《신과 나눈 이야기 3》에 나오는 말이다. 육아로 한창 힘들 때 나를 위로해주는 듯한 문구였다. 36개월까지는 부모가 참 힘들 수밖에 없다. 더욱이 어린 시절에 사랑과 배려를 충분히 받지 못한 부모는 아이의 자유분방한 말과 행동을 보면 감정이 폭발한다. 그래서 자신의 무릎 정도 높이밖에 안 자란 아이에게 불같이 화를 내고 뒤늦게 후회하길 반복한다. 우리 세대의 부모는 다들 마찬가지일 것이다.

우리는 살면서 육아에 대해 배운 적이 없다. 그래서 결국 받은 대로 아이에게 말투부터 감정까지 모조리 대물림해주게 된다. 부모인 우리가 스스로를 돌아보고 탐탁지 않다면 육아서, 교육 유튜브 영상 등을 길잡이 삼아 아이의 정서와 지적 발달, 그리고 키 성장까지 두루 살펴야 한다. 36개월까지 아이의 정서 발달과 영양은 키 성장에 너무나 중요하다. 여기까지가 1차 급성장기에 속한다.

36개월 이후는 사춘기 전까지 한 해에 5~6cm 정도 자라는 일반 성장기다. 이때에도 매년 키 성장이 뒤떨어지지 않도록 해야 한다. 이 무렵부터 아이는 대체로 사회생활을 시작한다. 어린이집을 가면서 집단면역이 없어 감기를 달고 살기도 하고, 폐렴으로 번져 입원을 하는 경우도 왕왕 발생한다. 나는 보통 어린이집에 들어가기 전에는 꼭 '면역 보약'을 1개월에서 길게는 3개월까지 챙겨 먹이라고 조언한다. 호흡기질환이나 수족구 등의 감염병으로 아이가 장기간 아프게 되면 키 성장에 지장을 받기 때문이다.

그리고 무엇보다 부모와 아이 모두 너무 고생스럽기 때문이다. '면역 보약'을 먹는다고 감기나 유행성 질환을 안 하는 것은 아니다. 바로 지척에서 기침하고 코 만지고 서로 손잡는 아이들인데 어찌 안 걸릴 수 있으랴. 단, 아이가 아프더라도 빨리 낫고 반복적으로 아프지 않게 된다. 그래서 키 성장에 지장을 덜 받게 된다.

48~60개월은 '미운 5살'이라 불리는 무법자 시기다. 소유 관념이 없어 친구 집에 갔다가 물건을 가지고 오기도 하고 상상과 현실을 뒤섞어 말하기도 한다. 똥, 방귀 등의 더러운 이야기에 웃음보를 터트리기도 하고 엉뚱한 생각을 말하기도 한다. 활동성이 엄청난 시기이니 햇빛을 보고 야외에서 많이 놀게 하면 성장에 좋다. 더불어 아이의 상상 놀이와 엉뚱한 말, 행동을 '창의적이야'라는 시선으로 부모가 봐주면 긍정적이고 밝게 성장한다.

60~72개월은 안정기로 아이가 현실적으로 판단하기 시작한다. 해야 할 일과 하지 말아야 할 일을 구별하고, 어떤 일을 할 때 주변의 동의를 구할 줄도 안다. 호기심도 왕성하고 배우고자 하는 열의도 가득하니 호기심을 채워주면서 고르게 잘 먹이도록 해야 한다.

만 7세 이후는 초등학교 저학년 시기다. 좋아하는 운동을 하루 1시간 정도 하고 잠은 최소한 8시간은 자야 한다. 키가 하위 10% 이하라면 성장 전문가와 상의를 해볼 필요도 있다. 수면, 소화, 면역 등 키 성장에 누수가 생기는 부분을 확인해서 한방 치료로 해결해주는 것도 좋다. 여러 가지 노력으로 키 순위가 너무 뒤처지지 않도록 해야 한다.

9~10세 이후 초등학교 고학년 시기에는 인스턴트 음식에 너무 노출되지 않는지 주의해야 한다. 컬러풀한 채소와 잡곡밥, 생선, 고기 등 한식 위주로 먹이는 것이 좋다. 너무 배가 나오는 건 아닌지, 아이가 너무 마르는 건 아닌지 살피면서 동시에 사춘기 징후가 나타나는지 관심 있게 보아야 한다. 하루 30분이라도 다양한 활동을 꼭 해주고, 잠은 최소한 7시간은 자도록 해야 한다. 이 시기가 성장클리닉을 할 수 있는 가장 좋은 시기다. 물론 아이의 몸 상태나 유전적 소인에 따라 이전부터 간단한 검사로 점검은 해야 한다.

13세 이후 중학생 시기는 채소, 과일 섭취가 부족하지 않도록 살펴야 하고 스마트폰이나 게임 노출 시간을 확인해봐야 한다. 운동은 짧지만, 강도 있게 하면 좋다. 앞 장의 '시간 없는 아이를 위한 초간단 성장 운동'을 참고하면 좋겠다. 짧은 시간이라도 깊이 자도록 스마트폰과 태블릿 PC 등은 거실에 두고 방은 어둡고 조용하게 해주어야 한다. 늦더라도 밤 12시 전에는 잠자리에 들도록 하는 것이 좋다. 성장판이 얼마나 남았는지 뼈나이 확인도 필요하다.

16세 이후 고등학교 시기는 키 성장을 완전히 포기하지 말고 틈틈이 운동으로 근력과 체력을 키워야 한다. 채소, 과일 섭취와 수면 관리로 조금이라도 남아 있을 키를 키우고 스스로 건강 관리를 할 수 있도록 연습해야 한다.

### "너는 옆에 있는 물건도 못 찾아서 난리야!"

아이를 키우면서 나는 지척의 물건도 못 찾아 나를 불러대는 아이들 때문에 귀찮은 적이 많았다. 코앞에 찾는 물건이 있음에도 아이가 나를 부를 때면 일부러 장난치는 줄 알고 화를 내기도 했다. 그런데 이후에 알게 된 사실은 '아이들의 시야가 좁다'라는 것이었다. 얼굴과 눈이 작으니 보이는 시야가 그에 비례해서 작을 수밖에 없는 것이다.

그제야 나는 아이들이 물건을 못 찾는 이유가 이해되었다. 그 이후로 나는 물건을 못 찾는 아이에게 쓸데없이 화내지 않게 되었다.

아이의 발달을 자연스레 이해하고 받아들이니 오히려 감정 조절이 쉬워진 것이다.

부모라면 아이를 키우면서 아이의 발달 단계별 특징을 알고 있어야 한다. 아이의 발달을 이해하지 못해서 생긴 부모의 부정적인 피드백은 아이의 정서 발달에 큰 영향을 끼친다. 그로 말미암아 스트레스에 예민하거나 강박적이고 완벽주의적인 아이로 자랄 수 있다. 아이의 발달 과정을 이해하면 부모가 정서적으로 아이를 수용하기 쉽다. 자연스레 아이는 밝아지고 그와 함께 키도 잘 자라게 되는 것이다. 더불어 시기별 놓치지 않아야 할 생활 속 체크 포인트도 기억해두도록 하자.

180
170
160
150
140
130
120
100

# 03

# 키 성장 관련 지식은
# 아이와 부모가 같이 공유하라

"원장님, 저 대신 잔소리 좀 해주세요. 제 말은 도통 안 들어요."

아이들은 부모의 조언을 잔소리로 여겨 쉽게 흘려듣는다. 인간의 뇌는 본능적으로 새로운 것에 집중한다. 그렇다 보니 아이들이 늘 듣던 부모의 말투와 표현에 둔감한 것은 어찌 보면 당연하리라.

아이가 어릴 때는 부모의 지시를 비교적 잘 따른다. 그러나 자라면서 생각의 크기가 커지고 스스로의 논리를 만들어간다. 그 과정에서 좁은 시야로, 보고 싶은 것만 보려는 경향 또한 강해진다. 밥 대신 라면을 자주 먹는 키 큰 아이를 보고 '나도 저렇게 라면만 먹더라도 키가 클 거야'라고 생각한다. 또는 게임을 밤늦게까지 하는 키 큰 아이를 보고 '잠 안 자도 키가 잘 크는데 뭘'이라고 생각하기도 한다. 또 '우유 먹으면 키 큰다'라는 떠도는 말에 우유만 잔뜩 마시기도 하는 사례들이 대표적이라 하겠다.

심리학에는 '선택적 주의'와 '선택적 부주의'라는 것이 있다. '선택적 주의'는 손전등의 불빛과 같이 우리가 경험하는 것 중 한정된 측면에만 초점을 맞춰서 보려는 경향을 뜻한다. 반면, '선택적 부주의'는 특정 정보에 주의를 기울이는 동안, 주변에서 들어오는 정보의 인식을 차단하는 경향을 뜻한다. 우리의 오감은 초당 11,000,000bit의 정보를 받아들이지만, 그 가운데 우리가 의식적으로 처리하는 것은 대략 40bit 정도라고 한다(Wilson, 2002). 정상적인 어른의 뇌가 하는 정보 처리 능력이 이 정도인데, 대뇌가 미성숙한 아이들은 어떠할까. 자연스레 아이들은 자신에게 유리한 방향으로 선택적 주의를 기울인다. 그리고 그것이 틀림없이 맞다고 우기기에 십상이다.

그래서 많은 부모는 아이에게 뭔가를 설명하고 이해시키길 지레 포기해버린다. 피곤하고 힘든 일이기 때문일 것이다. 그럼에도 불구하고 아이에게 설명해서 정보를 공유해야 한다. 키 성장에서 가장 중요한 것은 아이의 생각과 태도다. 오직 키 큰 아이로 키우겠다는 목표를 위해 아이의 기분이나 생각을 배려하지 않은 채, "키가 크려면 이렇게 해라, 저렇게 해라"고 지시하라는 의미가 아님을 알 것이다.

우선 부모뿐 아니라 아이 또한 자신의 성장 상태와 기대치, 키 성장 가능 기간 등을 알고 있는 것이 좋다. 물론 어린 싹을 꺾어버리듯

"이게 너의 최종 키야"라고 말해서는 당연히 안 될 것이다. 아이를 존중하는 태도로 키가 언제까지 자랄 수 있는지, 뼈나이가 어떠한지 등의 정보를 알려줄 필요가 있다. 정확한 정보는 동기부여를 주고 인내심을 발휘하게 한다.

우리도 막연히 "당분간 야근해야 합니다"라는 지시를 받는다면 언제 끝날지 모르는 기간 때문에 질려버려 싫은 마음이 앞서지 않을까. "일주일만 야근입니다"라는 식으로 기간이 한정되어 있음을 안다면, 덜 지치고 그 기간만 애쓰면 되므로 인내심이 발휘되지 않겠는가. 아이도 마찬가지다. 자신의 뼈나이를 알고 언제까지 클 것이며, 급성장기가 언제인지 등을 미리 안다면 키 성장을 위해 좀 더 쉽게 노력할 것이다.

"성장 한약을 챙겨주어도 안 먹고, 음식은 골고루 먹지도 않고, 잠도 늦게 자요."

기범이 엄마의 하소연이었다. 기범이의 성장 단계는 급성장기 끝 무렵이었다. 그것을 아는 엄마는 기범이가 키가 작을까 걱정이 태산이었다. 그에 반해 기범이는 전혀 노력해주지 않았다. 나는 기범이를 따로 불러 자신의 성장판 상태를 설명하고 올해가 키 성장에 얼마나 중요한지를 강조했다. 기범이는 키 성장의 마지막 시기임을 알게 되자 눈빛부터 달라졌다.

상담 이후 기범이의 생활이 달라졌다며 엄마가 소식을 전해왔다. 물론 아이들은 자기 조절력이 뛰어나지 못해 또 흐트러질 게 분명했다. 그래도 자신의 키 성장에 대한 정보를 가진 아이는 동기부여가 되기 때문에 부모가 반복해서 말하면 다시 노력하기 마련이다.

"엄마 닮아서 키가 작다고 저를 원망해요. 미리 신경 써주지 못했던 것이 후회스러워요."

이런 말을 하는 부모를 나는 종종 만난다. 그리고 상담 도중 "엄마가 작으니까 내가 작잖아!"라며 직접적으로 엄마를 원망하는 아이도 있었다.

나는 부모가 키가 커서 자신이 키가 크다고 "엄마, 아빠, 감사해요"라고 말하는 아이는 별로 보지 못했다. 하지만 키가 작다고 유전 탓을 하며 부모를 원망하는 아이들은 종종 보았다. 우리는 현실을 완벽하게 통제할 수 없다. 그래서 무언가를 후회하고 누군가를 책망할 일은 살면서 늘 겪게 된다. 부모를 책망하는 아이는 본인 또한 스스로를 쉽게 책망할 수 있음을 기억하면 좋겠다.

조 디스펜자(Joe Dispenza) 박사는 세 남매의 아버지다. 대중에게 많이 알려진 그의 딸 지아나 디스펜자와의 대화가 인상적이었다. 그의 딸이 뭔가를 실수한 후에 아빠에게 말했다.

"아빠, 제가 잘못한 걸까요?"

디스펜자 박사는 말했다.

"어떤 경우에도 자책하지 마라. 어떤 경우에도"라고.

죄책감은 두려움보다 의식 에너지의 수준이 더 낮다. 데이비드 호킨스 박사는 사람들의 의식 수준을 여러 단계로 분류했다. 이 수준은 저에너지 상태에서 고에너지 상태로 진행되며, 사람의 생각과 행동에 큰 영향을 미친다. 그는 에너지 수준을 최저 20부터 최고 600까지 분류했다. 그중 최저의 에너지가 죄책감으로 20의 에너지 수치를 제시했다. 최고의 단계는 평화로 600을 제시했다. 죄책감은 스스로를 해치거나 파괴적인 행동을 유발하게 한다.

그러므로 아이의 롤모델인 부모는 어떤 경우에도 자책해선 안 된다. 돌아보지 말고 아이가 지금 할 수 있는 것을 하도록 독려하면 된다. 아이 또한 자책하고 후회하고 원망하기보다는 어느 정도 현실을 받아들이며 용기 내어 앞으로 나아가길 원할 것이다.

부모는 아이에게 스스로를 챙길 수 있도록 '몸 사용 설명서'를 알려주어야 한다. 조그만 손 선풍기 하나를 사더라도 내부에 사용설명서가 있지 않던가. 주의사항과 충전 방식 등이 적힌 2~3페이지의 종이가. 그 내용을 지키지 않으면 손 선풍기는 쉽게 망가지고 빨리 버려진다. 영혼을 담은 사람의 몸은 어떨까? 사용설명서가 얼마나 방대하고 정교할지 생각해볼 일이다.

나는 아이들에게 어떻게 하면 건강하고 더 크게 자랄 수 있는지에 대한 몸 사용 설명서를 알려준다. 키 성장을 위해 골고루 먹어야 하며 최대한 집밥을 챙겨 먹도록 강조한다. 매일 짧은 시간이라도 운동을 해주고 규칙적인 생활과 감사하는 마음가짐으로 지내면 키가 더 잘 자랄 것임을 알려준다.

"저에게는 핸드폰 보지 말라고 하면서 우리 아빠가 더 많이 봐요!"

상담 도중, 천진한 아이들은 부모의 사생활을 이렇듯 폭로한다. 아마도 아이의 말이 사실일 것이다. 부모가 "나는 어른이니 상관없어"라며 인스턴트 음식을 즐겨 먹고 밤늦도록 스마트폰만 들여다보고 있다면, 아이들의 건강한 생활은 물 건너간 것이다.

무엇보다 솔선수범이 중요하다. 비만한 아이를 둔 부모라면 함께 다이어트를 위해 노력해야 한다. 배달 음식을 줄이고 밤늦게까지 스마트폰을 보며 블루라이트에 노출되는 것을 피해야 한다. 배달 음식은 포장 과정에서 비닐, 플라스틱 사용으로 환경호르몬이 음식에 스며든다. 이에 더해 강한 조미료 맛은 인슐린 분비를 폭발시켜 성장호르몬의 작용을 방해한다.

또한 블루라이트는 스트레스 호르몬인 코르티솔과 공복 호르몬인 그렐린 분비도 촉진한다. 그렐린은 식욕을 올리고 신체에 지방을 축적시킨다. 그러므로 가족이 습관적으로 저녁을 배달 음식으로 먹고 각자 스마트폰을 보다가 잔다면 어떻게 될까? 아이의 키 성장은 더 뎌지고 가족은 모두 복부비만에 시달릴 것이다. 이렇듯 건강에 관련한 지식을 어느 정도 알고 부모와 아이가 함께 공유하며 서로의 건강을 지켜주어야 한다.

우리는 아이의 국·영·수 성적에는 관심이 많지만, 아이의 건강한 마음과 몸을 위해서 무엇을 해야 할지는 잘 알지 못한다. 국·영·수는 학원에 가면 전문가가 있지만, 아이의 건강에 관해서는 알려주는 학원이 없다. 설상가상 부모인 우리도 학교와 직장에서 스스로를 건강하게 지키고 돌보는 방법을 배운 적이 없다.

그런데 인생을 살다 보면 가장 중요한 것이 건강 아니던가. 어른인 부모는 아이에게 건강과 바른 생활에 대해 교육할 의무가 있다. 아이가 어릴 때부터 어떤 음식을 먹고, 어떻게 생활해나가야 건강하고 바른 몸, 훤칠한 키를 가질 수 있는지를 알고 있어야 한다. 그러면 스스로 조절할 수 있는 힘이 생긴다. 물론 부모인 우리가 솔선수범해야 함은 두말할 필요가 없다. 그리고 대화를 통해 지식을 공유할 때는 아이를 온전한 인격체로 생각하고 말해야 한다. 지시나 명령, 불신의 말투는 오히려 관계만 해칠 수 있음을 기억하자.

《사춘기 대화법》의 강금주 작가는 "아이를 믿지 못하면 아이가 어떤 실수를 했을 때 그것을 당연하게 여겨, 아이의 자존감을 깎아내리는 말을 내뱉게 된다. 아이를 믿거나 안 믿는 마음은 눈에 보이지 않지만, 그 마음은 아이에게 반응하는 말을 통해서 형체를 드러낸다. 믿지 못하면 어떤 상황에서도 의심하는 말, 비꼬는 말, 부정적인 말을 하게 된다"라고 이야기한다. 아이와 대화하면서 한 번쯤 되새겨볼 내용이다.

180
170
160
150
140
130
120
100

## 어릴 때 작은 아이
## 꾸준한 관심이 필요하다

지연이는 초등학교 3학년이고, 키는 125cm로 또래보다 7cm 정도 작았다. 그런데 갑자기 가슴 몽우리가 생겼다. 그것을 확인한 엄마가 깜짝 놀라 급히 나를 찾아왔다. 지연이는 키가 작고 마른 편이었다. 그래서 이른 사춘기에 대해서는 전혀 걱정하지 않았던 엄마는 적잖이 당황해했다. 나는 지연이의 지난 키 성장 과정을 확인해보았다. 지연이는 4주 정도 빨리 태어난 이른둥이였다. 태어날 때 체중이 2.2kg으로 왜소했다. 이후에도 늘 성장 발육 백분위 수가 5% 미만에 머물렀다. 엎친 데 덮친 격으로 뼈나이마저 1년 정도 빨랐다. 그래서 지연이의 최종 예상키는 148cm였다.

보통 많은 부모가 성조숙증은 비만이 주요 원인이라고 생각한다. 그래서 지연이처럼 이른둥이로 태어나 체구가 작으면 성조숙증과는 무관할 것으로 생각한다. 그러나 사실은 아니다. 보통 엄마의 자궁 내에서 잘 자라지 못하고 태어났을 때, 키와 체중이 작은 경우를 기술하는 2가지 용어가 있다. 저체중출생아와 부당 경량아(small for gestational age, SGA)다. 저체중 출생아는 체중이 2.5kg 미만으로 태어난 아이를 뜻한다. 부당 경량아(SGA)는 출생 시 체중과 키가 같은 주수의 아이들에 비해 3% 미만으로 작은 경우를 뜻한다.

출생 시 키가 작고 체중이 가벼울수록 사춘기가 빨리 오며 사춘기 동안 자라는 키 수치도 작았다는 연구 보고가 있다. 특히 딸의 경우, 초경도 빠른 것으로 나타났다. 일반적으로 작게 태어난 아이는 영유아기까지 왜소하고 마른 경향이 있다. 그러나 커가면서 체중이 눈에 띄게 늘어나 비만 경향이 생기기도 한다. 따라서 작게 태어난 아이일수록 초등 입학 전에 미리 뼈나이가 빠르지 않은지 반드시 확인해 보아야 한다.

임신 중 아이의 성장이 임신 기간에 해당하는 평균 발육 상태보다 부족한 것을 '자궁 내 성장 지연'이라고 한다. 자궁 내 성장 지연의 원인을 태아 쪽에서 찾으면 염색체 이상이나 감염, 다태아 등이다. 반면, 엄마 쪽에서 찾으면 임신중독증, 만성 질환, 영양 결핍, 수면 부족, 음주와 흡연 등이다. 그중 가장 많은 원인은 임신성 고혈압과 고령 산모인 것으로 보고되고 있다. 태반의 건강 이상으로 태아에게 원활한 혈액 공급이 이루어지지 못하는 것도 원인이 될 수 있다. 특히, 자궁 내 성장 지연은 쌍둥이인 경우 흔하게 나타난다.

이렇게 평균 발육 상태보다 작게 태어난 저체중 출생아와 부당 경량아는 보통 만 2세(24개월)까지 따라잡기 성장을 해야 한다. 만약 이 시기에 충분히 따라잡기 성장을 못 한 경우에는 저신장이 될 가능성이 아주 크다.

50cm 정도의 키로 태어난 신생아는 첫돌이 될 무렵, 약 25cm 정도가 자라서 75cm의 키가 된다. 이후 2년간 20cm 정도 자라면 만 3세 무렵 95cm의 키가 된다. 그야말로 폭풍 성장이 이루어지는 시기다. 이 시기는 키 성장에 가장 중요하다. 학습 시기에 비유하면, 고등학교 2~3학년과 맞먹는다고 할 만하다. 이때 키가 충분히 자라지 못하면 평생 작은 키로 지낼 가능성이 커진다.

따라서 저체중 출생아나 부당 경량아로 태어났거나 영유아기에 잔병치레가 많아 키가 작다면 초기에 치료를 시작해 따라잡기 성장을 어느 정도 해두어야 한다.

다시 지연이의 사례로 돌아가 보자. 지연이는 4주 먼저 태어나고 체중이 작은 저체중 출생아에 속했다. 1차 급성장기인 만2~3세까지도 따라잡기 성장을 하지 못했고, 사춘기마저 1년 빨리 맞이했다. 그래도 나를 찾아왔을 때는 다행히 키 성장할 시간이 2년 이상 남아 있었다.

지연이는 '조기성숙 지연'의 효과와 '성장 촉진' 효과를 함께 볼 수 있는 조경 성장탕을 복용했다. 3년간 꾸준히 일정한 간격으로 조경 성장탕을 복용하며 생활 관리와 운동을 병행했다. 결과적으로 지연이는 중학교 1학년 입학할 즈음에 초경을 했다. 키도 꾸준히 잘 자라서 154cm까지 큰 후, 성장클리닉을 마무리했다. 최종 예상키는 157cm 정도일 것이다.

나는 17년간 한방 성장클리닉을 운영하는 동안 쌍둥이의 성장 과정도 많이 보았다.

성현이와 세희를 만난 건 2013년이었다. 둘은 이란성 쌍둥이였다. 눈이 까맣고 똘망해서 절로 눈길이 머무는 사랑스러운 쌍둥이 남매였다. 서울에서 갓 이사 온 엄마는 본인의 키가 152cm인데다, 아빠의 키 또한 165cm로 작았기 때문에 두 아이를 잘 키우고 싶은 마음이 간절했다. 세희의 유전 키는 152cm이고, 성현이의 유전 키는 165cm였다.

두 아이 모두 만 7세였고, 또래 평균 키보다 3cm 정도 작았다. 그에 반해 뼈나이는 오히려 1년 정도 빨랐다. 두 아이는 나와 6년 동안 꾸준히 성장 검진 및 한방 성장클리닉을 함께 했다. 밥을 잘 안 먹고, 음식도 많이 가리던 입 짧은 아이들은 어느 순간부터 잘 먹기 시작했다. 환절기엔 비염, 알레르기, 감기 등을 달고 살더니 클리닉을 시작한 지 1년 정도 지나자 잔병치레가 눈에 띄게 사라졌다. 두 아이의 엄마는 그것만으로도 즐거워했다. 키도 어느 순간 또래 평균 키를 웃돌아 크기 시작했다. 이렇게 자라주면 성현이는 175cm, 세희는 162cm 정도가 될 듯싶었다.

그런데 아이들은 예상과 다르게 자랐다. 쌍둥이 중 오빠인 성현이가 예상보다 사춘기가 빠르게 왔고 짧게 지나가 버린 것이었다. 세희보다 사춘기가 늦었어야 하는 성현이가 검사를 진행하며 확인했음에도 사춘기가 빠르게 당겨졌다. 3년 가까이 지속되어야 할 급성장기가 2년 안에 끝나 버렸다.

결국 세희는 중학교 1학년에 초경을 하고 162cm가 넘도록 키가 자랐다. 반면, 성현이는 168cm 정도까지 키가 자라는 것에 그쳤다. 둘은 성격도 달랐다. 성현이는 예민하고 부정적인 경향이 많아 스트레스를 쉽게 받았다. 반면, 세희는 비교적 무던한 편이었다. 모든 여건을 다 통제하기란 쉽지 않다. 하지만 그럼에도 성현이를 생각하면 '뼈나이 진행을 좀 더 지연시키기 위해 내가 더 노력했어야 했는데…' 하는 아쉬움과 미안함이 남는다.

쌍둥이의 경우, 자궁 내 환경이 태아 한 명일 때보다는 불안정하므로 저체중으로 태어나기 쉽다. 그리고 그러한 태중 환경의 영향으로 성선의 발달도 비교적 빠르게 진행된다. 그래서 쌍둥이일수록 '따라잡기 성장'을 각별히 잘해두어야 한다. 더불어 초등학교 입학 전에 성장판을 미리 확인해서 뼈나이 진행이 너무 빠르지 않은지 확인해야 한다. 그렇지 않으면 키가 작을 우려가 크다.

## 어릴 때 작은 아이 꾸준한 관심이 필요하다

아이의 키 성장과 각종 발달은 마라톤과 같다. 이른둥이로 태어나거나 저체중인 아이는 오장육부가 상대적으로 약하고 작다. 아이 입장에서는 엄마 배 속에서 최대한 오랫동안 많이 자라서 세상 밖으로 나오는 것이 좋다. 만약 약하고 작은 오장육부를 가진 상태로 세상에 나오면 충분한 영양 섭취가 어렵다. 또한 감염성 질환에 쉽게 노출되어 잔병치레와 싸운다고 키 성장에 손실이 생길 수밖에는 없다.

그럼 이를 예방하려면 어떻게 하면 될까? 아기가 생기기 전 예비 부모일 때부터 미리 건강 관리를 해두는 것이 좋다. 예비 부모가 천연음식 위주로 골고루 잘 챙겨 먹고, 12시 전에 잠을 푹 잘 자면서 건강 상태를 미리 관리해야 한다. 나는 임상에서 잠을 깊이 못 자는 예민한 예비 엄마가 저체중출생아와 부당 경량아를 낳는 사례를 많이 보았다. 물론, 아빠의 기여도 또한 40%에 해당할 정도로 크다. 그래서 나는 임신 전 관리를 위해 오는 예비 부모에게 황련아교탕(黃連阿膠湯), 자감초탕(炙甘草湯), 해울화중탕(解鬱和中湯) 등으로 긴장을 완화시키고, 숙면을 돕는 처방을 자주 한다. 또한 소화기를 개선시키면서 천연음식 위주로 최대한 먹을 것을 당부한다.

엄마의 장내 세균총은 아이의 면역과 신경 발달, 뇌 발달에 직접적인 영향을 준다. 화학조미료 섭취가 많은 외식을 자제하고 집밥을 챙겨 먹으며 채소, 과일을 소홀히 먹지 않도록 신신당부한다. 산전 관리가 충분치 못해 아이가 좀 작게 태어났다면 이유식부터 꼼꼼히 신경 쓰고 면역관리에 온 힘을 다해 만2~3세 전에 키와 체중을 따라 잡도록 해야 한다. 만2~3세 전의 아기들도 한약을 먹을 수 있다. 아기가 잘 못 자거나 잘 안 먹는 경우, 체질에 맞는 한약을 몇 첩씩 달여 먹이면 수월하게 잘 자고 신통하게 잘 먹게 된다.

아이를 양육할 때, 현대의학이 할 수 있는 역할의 한계가 너무 큰 듯하다. 하지만 지혜롭게 한약 치료, 각종 영양요법 등을 잘 활용하면 육아가 좀 더 쉬워진다.

어릴 때 작은 아이가 갑자기 크기는 힘들다. 1차 급성장기에 최대한 키를 키우고 이 시기를 놓쳤다면, 이후에라도 꾸준한 관심으로 키 성장을 도와주어야 할 것이다.

180

170

160

150

140

130

120

100

05

# 키 성장은 꾸준한 관심과
# 노력이 중요하다

"지켜보는 냄비는 끓지 않는다."

서양 속담에 이런 말이 있다. 조바심치면 오히려 원하는 바를 더디게 얻게 된다는 뜻이다. 하버드대 이타노(Wayne Itano) 박사는 이것을 실험으로 증명했다. 전자파로 베릴륨 원자 5,000개를 가열하는 실험이었다. 한 번도 바라보지 않았던 원자들은 100% 익었다. 일정한 간격으로 4번 바라본 원자들은 3분의 1만 익었다. 64번이나 계속 바라본 원자들은 익지 않았다.

김상운 저자의 《왓칭》에도 유사한 내용이 있다. 둘째 아이에게 달걀 반숙을 해주기 위해 물을 끓이려고 하는데, 계속 지켜보고 있으니 더디게 끓었다. 거꾸로 냄비를 지켜보지 않고, 신문을 보고 있으니 어느새 보글보글 소리가 나면서 물이 끓어올랐다는 내용이다. 물이 끓어오르기를 바라는 조바심은 물이 끓어오르는 속도를 오히려 늦춘다는 것이다.

모든 물체는 미립자고 사람의 생각도 미립자다. 그래서 그것이 물체에 영향을 주는 것이다. 이것은 양자물리학적 관점이며, 삶의 모든 면에 적용된다. 냄비에 들어 있는 물이 안 끓는 것을 바라보며 '왜 안 끓지?' 하고 조바심을 내면 의식적으론 빨리 끓으라고 요청하는 듯 보인다. 그러나 실제로 우리 마음속에서는 끓지 않는 물을 생각하고 이미지화하고 있다. 그렇기 때문에 물이 그 이미지를 알아채고 빨리 끓지 않는 것이다.

우리가 무언가 소망하는 것에 대해 조바심치면 실제로 그 일은 더디 이루어지기 쉽다. 안 되면 어쩌나 하는 불안감과 두려움이 주변의 환경과 상황에 영향을 미치기 때문이다. 이것을 '역노력의 법칙'이라고 한다. 강렬한 소망이 오히려 원하는 결과를 밀어낼 수 있다는 것이다.

그럼 어떻게 해야 할까? 머릿속 불안의 소리를 인정하고 흘려보내야 한다. 그리고 원하는 것이 이루어진 상태의 이미지를 믿고 기다리는 것이 더 현명한 방법이다.

"좀 더 커야 하는데…."
"이렇게 작아서 어떡해요?"

아이가 성장클리닉을 방문하면 한 달에 한 번 키와 체중을 체크해서 기록한다. 그럴 때면 어떤 부모는 키가 안 큰다는 말을 습관적으로 계속하기도 한다. 1년에 8~9cm가 컸음에도 불구하고 안 큰다며 조바심을 낸다. 키가 잘 크고 있다는 설명에도 불구하고 걱정과 불안을 내려놓지 못한다. 그 모습을 지켜보는 아이 또한 표정이 어두운 건 당연지사다. 잘 크다가도 한두 달 키가 덜 자라면 조바심을 내며 표정이 어두워진다.

반면에 어떤 결과에도 밝은 표정으로 수용하는 부모가 있다. 좀 덜 커도 웃으며 다음 달에 더 클 거라며 아이를 격려한다. 아이가 잘 자라면 부모는 환하게 웃으며 잘하고 있다고 칭찬을 아끼지 않는다. 그런 부모를 대하는 아이 또한 당연히 편안한 마음으로 크게 조바심 내지 않는다.

키가 자랄 수 있는 시간적 여유는 아이마다 다르다. 그렇기 때문에 성장할 수 있는 시간이 얼마 남지 않은 아이와 부모는 조바심이 나고 걱정이 되는 건 어쩔 수 없다. 그렇지만 아이가 조금이라도 더 잘 자라길 바란다면 '잘 되리라는 믿음'과 '기다려볼 만하다는 여유'를 가져야 한다. 그런 긍정적인 태도가 아이의 키를 더 자라도록 돕기 때문이다. 신문을 보는 동안 더 잘 끓는 냄비 속 물처럼 말이다.

긍정적인 믿음과 여유를 가짐과 동시에 키 성장에 필요한 생활 습관은 꾸준히 지켜나가야 한다. 습관은 환경의 지배를 받는다. 식탁과 냉장고에 과자와 음료수가 넘쳐나는데 아이에게 먹지 말라고 할 수는 없다. 마찬가지로 부모가 거실에서 TV를 시청하느라고 늦게 자면서 아이들에게는 일찍 자라고 강요할 수 없다.

집안 환경부터 성장에 도움이 되도록 개선해야 한다. 저녁 9시 이후에는 거실을 어둡게 하고 가능하면 가족 모두 조금이라도 일찍 자는 분위기를 만들어야 한다. 단 간식류는 키 성장에 방해되므로 미리 사두어서는 안 된다. 묶음으로 파는 과자, 아이스크림은 집에 사오지 않도록 해야 한다. 아이들은 빵이나 과자, 음료수가 없어야 고구마, 감자, 과일 등을 간식으로 먹는다.

운동의 경우도 환경이 중요하다. 그룹으로 활동할 수 있도록 해주면 제일 좋다. 방과 후 활동이나 집 근처 운동센터를 활용해서 일정한 시간에 꾸준히 운동하도록 해야 한다. 매일이 안 되면 격일로라도 정기적으로 운동을 하는 것이 좋다. 정기적으로 운동하는 그룹이 하지 않는 그룹에 비해 혈중 성장호르몬 농도가 1.7~2배 정도 높았다고 한다. 단 지나친 고강도 운동을 장시간 하는 것은 피해야 한다. 키 성장에 쓰일 성장호르몬이 손상된 근육을 회복하는 데 쓰일 수 있기 때문이다.

이러한 키 성장을 위한 건강한 습관을 잡아주기 위해 시각적인 자극을 주는 것도 효과적이다. 아이들은 시각 정보에 반응이 빠르기 때문이다. 운동일지나 편식 개선일지 등을 표로 만들어 벽에 붙여두고 매일 보게 하면 좀 더 쉽게 성장에 좋은 습관을 길러나갈 수 있다. 달력에 O, X 표시로 운동 여부를 기록해도 좋을 것이다. 냉장고에 키 성장에 좋은 음식 사진을 붙여두는 것도 좋은 자극이 될 것이다. 꾸준히 습관을 개선시켜나가면서 작은 선물 등으로 보상을 주어 동기부여해주는 것도 방법이 되겠다.

성장기에 꾸준한 관심과 노력으로 아이가 자신을 스스로 돌보는 습관을 갖게 된다면, 이 습관은 아이의 평생 자산이 될 것이다. 너무나 안타깝게도 학교에서는 인스턴트 음식을 먹어서는 안 되는 이유에 대해서 가르치지 않는다. 어떤 음식이 뇌와 몸 건강, 키 성장, 감정에 영향을 주는지 알려주지 않는다. 그래서 아이들은 국·영·수 학원을 오가며 음료수와 과자, 빵으로 끼니를 때우면서도 이것이 자신의 몸에 어떤 영향을 주는지 알지 못한다. 김밥에 들어 있는 시금치, 당근을 빼면서도 자신의 몸을 위해 무엇을 먹어야 하는지 관심을 두지 않는다.

스트레스를 낮춰주는 영양소는 시금치와 배추 같은 녹색 채소에 많다. 녹색 채소가 도파민을 형성하기 때문이다. 도파민은 행복감을 증가시키는 호르몬이다. 스트레스 해소를 위해 운동을 하는 것은 뛰어난 효과가 있고, 노래를 듣거나 부르는 것도 좋다. 명상이나 기도도 도움이 된다. 그런데 아이들은 스트레스 해소를 위해 스마트폰으로 영상을 보거나 게임을 한다. 또는 과자를 먹거나 음료수를 마신다. 이런 습관은 마치 마이너스통장처럼 높은 피로감으로 되돌아옴을 명심하자.

"작은 습관을 익히는 방법은 단 하나, 오로지 '반복'뿐이다. 당신의 치아를 청결하게 유지시키는 양치질도, 당신의 심장이 건강하게 움직일 수 있도록 만드는 아침 달리기도, 오로지 반복의 결과다. 행동의 꾸준한 반복으로 뇌는 자동 운전 모드가 된다. 단 5분 동안의 작은 행동이라도 하루라도 빠짐없이 해보라. 하루 5분이 쌓여 한 달이 되면 150분이 되고, 1년이 되면 30시간이 되고, 10년이면 300시간에 달한다."

고다마 미쓰오(兒玉 光雄)의 《절대로 실패하지 않는 아주 작은 목표의 힘》에 나오는 내용의 일부다.

키 성장은 꾸준한 지구력을 요하는 마라톤에 비유할 수 있다. 성장판이 닫히기 전에 성장에 영향을 미치는 환경적인 요인인 영양, 운동, 수면, 스트레스 등을 아이가 꾸준히 관리하는 습관을 갖도록 도와야 한다. 아이들은 자신이 무엇을 먹고 있는지, 건강 상태가 어떠한지, 내가 스트레스를 얼마나 받고 있는지 등을 인식하지 못하고 하루하루를 보내는 경우가 많다.

하루하루의 스케줄을 따라가기 바빠서 스스로에게 휴식이 필요한지, 웃음이 필요한지, 풍부한 채소와 과일이 제공하는 미네랄이 필요한지 알지 못한다. 그러다 고학년이 된 어느 날, 키가 더 이상 자라지 않는다는 사실을 마주하면 분노와 원망과 후회의 감정에 휩싸인다. 뒤늦게 키 크는 방법을 알아보고 노력하는 아이들을 보면 나는 참 안타깝고 안쓰럽다.

어릴 때일수록 미리 건강과 키 성장에 도움이 되는 습관을 익혀 생활 속에서 실천해야 한다. 그러면 큰 키와 건강, 꾸준한 자기 관리법이라는 3마리 토끼를 한꺼번에 잡을 수 있다. 키 성장은 꾸준한 관심과 노력이 중요하다. 그리고 이 과정를 통해 아이는 자기 자신을 돌보는 습관이라는 소중한 기술을 습득할 것이다. '스스로를 돌보는 습관'이라는 기술은 세상을 살아감에 둘도 없는 소중한 자산이 되리라.

180

170

160

150

140

130

120

100

06

# 10년 먼저 알면
# 10cm 더 키운다

19세기 프랑스에서 발견된 늑대소년의 이야기를 다들 알 것이다. 늑대소년은 적기에 제대로 된 양육 환경을 제공받지 못했다. 8세 무렵에 발견된 이 소년은 사람의 말 대신 늑대 울음소리를 냈다. 전 세계의 전문가들이 소년에게 교육을 했지만, 모두 실패했다. 생후 첫 3년과 그 후 3년 동안 필요한 시기에 제대로 된 자극을 받지 못한 결과는 되돌릴 수 없었다.

사람의 발달에는 '결정적 시기'가 있다. 키 성장도 마찬가지다. 생후 3년간의 1차 급성장기를 지나 7~9년의 일반 성장기, 이후 2~3년의 급성장기를 지나면 거의 키 성장은 마무리된다. 생후 13~15년이 지나면 아이는 성인의 키와 발달에 거의 도달한다. 긴 시간인 듯 보이나 돌아보면 10여 년이 쏜살같이 지나지 않던가.

성장판이 닫히면 키는 더 이상 자라지 않는다. 많은 아이와 부모님들이 때 되면 클 거라는 믿음으로 기다리다가 뒤늦게 검사를 하러 오기도 한다. "성장판이 거의 닫혔어요"라는 검사 결과에 눈물 흘리며 깊은 후회로 밤잠을 설치는 부모님에게 나는 어떤 위로와 격려를 해야 할지 몰라 당혹스러운 경우도 많았다. 그리고 "몇 년 전에 ○○ 정형외과에서 뼈 사진을 찍었는데 키가 많이 크겠다고 해서 안심하고 기다렸어요", "3년 전에는 뼈나이가 느리다고 했는데 왜 초경을 벌써 하는 거죠?"라는 말도 많이 들었다. 마찬가지로, 이런 경우도 키가 자랄 수 있는 상당한 시간을 흘려보내고 온 경우였다.

어릴 때 뼈나이가 실제 나이보다 많이 어렸다고 해서 그 상태가 꾸준히 지속되는 것은 아니다. 어느 시기부터 성장이 급속도로 빨리 진행되는 경우도 많다. 그러므로 무엇보다 성장판의 상태를 알아야 이후 키 성장 전략을 세울 수 있다. 성장판 검사는 매우 간단하고 비용도 비싸지 않으므로 어릴 때부터 1년에 한 번은 확인해서 키 성장 시기를 놓치지 않아야 한다.

사람에게 주어지는 가장 큰 고통 중 하나는 후회라는 감정일 것이다. 아이를 키우면서 뒤늦게 후회하지 않으려면 놓치지 않아야 하는 것이 아이의 감정과 건강한 키 성장일 것이다.

앞에서 언급한 아이의 단계별 특징을 기억하면 아이의 행동 패턴을 이해하기 쉽다. 그러면 부모가 사랑하고 허용하는 감정으로 아이를 대할 수 있다. 사랑과 허용을 많이 받은 아이는 자신에게는 물론 남에게도 관대하다. 그래서 단체생활 중 또래 아이들과의 마찰이 적다. 자신이 이미 부모에게 허용을 많이 받아보았기 때문에 친구들의 유별난 행동과 말을 받아들임에도 스트레스를 덜 받기 때문이다.

스트레스는 키 성장에 큰 방해꾼이다. 스트레스를 받으면 스트레스 호르몬이 분비된다. 이 중 특히 코르티솔은 성장호르몬 분비를 감소시킨다. 또한 스트레스 호르몬은 미주신경을 통한 식욕 억제 반응을 일으켜 소화 흡수를 더디게 해서 키 성장을 방해한다. 가정에서부터 아이가 관대한 태도와 감사, 허용을 많이 받았다면 어떨까? 아마도 아이는 관계 갈등이나 압박적인 경쟁 상황에서 스트레스를 덜 받게 될 것이다. 그로 인해 이차적으로 좀 더 건강하고 키도 더 잘 자라게 되는 건 당연하리라.

그리고 성장판이 닫히기 전에 성장에 영향을 미치는 환경적인 요인인 영양, 운동, 수면 또한 잘 관리해주는 것이 중요하다. 딸은 초경 이전, 아들은 변성기 이전에 최대한 많이 키워야 함을 잊어서는 안 된다. 만약 아이의 키가 안 크고 있다면, 미리부터 원인을 찾아보아야 한다. 옆집 아이의 상황과 내 아이의 상황은 다르다. 사춘기가 오는 시기도 다르고 잘 크는 이유는 물론, 안 크는 이유 또한 다르다.

아이를 힘들게 하는 질환이 있다면 질환 개선이 우선적으로 이루어져야 키가 자란다. 심장과 담이 약해 잠을 깊이 못 자면 이 부분을 개선해주어야 하고, 소화기가 약해서 먹는 양이 부실하면 비위 기능을 보강해주어야 한다. 또한, 비염이나 아토피 등의 각종 알레르기, 면역 질환에 시달린다면 면역 기능을 개선시켜주어야 한다. 아이가 안 크는 원인을 찾아 해결해주는 것이 키 성장의 1순위가 된다. 광고나 소문에 휩쓸려 남들이 키 성장에 좋다고 하는 것을 무작정 따라 해서는 안 된다.

아이의 생활 습관도 반드시 점검해보아야 한다. 고르게 먹지 않고 1~2종류의 식재료 위주로만 먹고 있진 않은지, 잠을 늦게 자고 있진 않은지, 게임이나 스마트폰 사용이 너무 과도하고 활동량이 현저히 부족하지는 않은지 등을 세심하게 확인해보고 생활을 조정해주어야 한다. 좋은 생활 습관은 키 성장에 너무나 중요하다.

찰스 두히그(Charles Duhigg)는 《습관의 힘》에서 '습관은 운명이 아니다'라고 말한다. 습관은 잊혀질 수도 있고 변할 수도 있다. 어떤 습관이 형성되면 뇌가 의사결정에 참여하는 과정을 생략한다고 설명한다. 습관이 되면 자동으로 행동한다는 의미다. 우리 뇌는 나쁜 습관과 좋은 습관을 구별하지 못한다. 나쁜 습관이 자리 잡았다고 하더라도 좋은 습관이라는 새로운 패턴으로 얼마든지 바꿀 수 있다. '반복'이라는 과정이 필요할 뿐이다.

아이마다 키 성장 레이스의 패턴이 다르다. 이 부분은 성장판 검사를 통해서 간단히 확인할 수 있다. 성장이 빠른 유형인지, 느린 유형인지, 급성장기가 빨리 오고 짧게 끝나지는 않을지, 키가 안 크는 원인이 따로 있는지 성장 전문가를 만나 확인해보는 것도 현명한 방법일 수 있다. 특히, 온 가족이 다 작거나 부모 중 한 명이라도 빨리 성장하고 멈춘 과거력이 있다면, 어릴 때부터 미리 추적하면서 확인해볼 필요가 반드시 있다.

만 5세가 넘으면 뼈나이, 성장판 상태, 평균 키 차이 등을 검사해 최종 키의 범위를 확인할 수 있다. 검사 결과를 토대로 적극적인 성장 관리와 시기 등을 결정해도 좋다. 검사 결과 최종 키가 조금 작다면 추적 검사만 하면서 치료 시기를 늦추어도 괜찮다. 만약, 최종 키가 많이 작을 것으로 예상된다면 빨리 성장 관리를 시작하는 것이 유리하다. 평균보다 작아서 키가 많이 커야 할 경우, 빨리 치료해야 성장할 충분한 기간을 확보할 수 있기 때문이다. 노력하고 관리한 기간에 따라 최종 키가 10cm까지도 차이 날 수 있음을 기억하자.

나의 한방 성장클리닉에는 유독 형제와 남매, 자매 등 가족이 단체로 오는 경우가 많다. 첫째 아이를 데려와 검사해본 후, 성장할 시간이 촉박함을 알게 되면 서둘러 둘째 아이를 데려오기 때문이다. 그러다 보니 첫째 아이보다 둘째 아이의 키가 확연히 큰 사례가 많았다.

규진이, 규호 형제도 그러했다. 규진이는 중학교 3학년에 처음 검사를 했다. 예상대로 성장판이 닫혀가는 중이었다. 각고의 노력으로 163cm에서 168cm까지 키울 수 있었다. 이후 특목고를 가게 되면서 기숙사 생활을 시작해 자주 만나진 못했다. 동생인 규호는 초등학교 6학년부터 키 성장에 관심을 갖고 성장탕을 복용하면서 생활 관리를 꾸준히 했다. 결국 규호는 178cm까지 자랄 수 있었다.

두 형제의 엄마는 동생이라도 키가 커서 다행스러워했다. 반면, 미리 신경 써주지 못했던 형에게 미안함도 컸다. 다행스럽게 형인 규진이는 자신보다 키가 큰 규호를 보며 속상해하지 않았다. 동생이라도 키가 커서 다행이라고 말해 가족들의 마음을 편안하게 해주었다. 나는 기특한 형제의 모습을 볼 때마다 마음이 훈훈했다.

지현이, 수현이 자매도 비슷한 경우였다. 언니는 초등학교 6학년부터 키 성장 관리를 했고, 동생은 초등학교 4학년부터 키 성장 관리를 했다. 언니의 키는 157cm까지 자라는 것에 그쳤지만, 동생의 키는 165cm까지 자랐다. 이렇듯 키 성장은 클 수 있는 시간이 얼마나 남았느냐가 중요하다. 나이가 어릴수록 키를 더 키우기가 쉽다.

나는 유튜브에서 해외에 나가서 길거리를 다니는 아시아인에게 특정 질문을 하고 반응을 보는 영상을 우연히 보게 되었는데, 그 질문은 국적을 묻는 내용이었다. 아시아인들의 반응은 대체로 이러했다. 중국인이나 일본인이냐고 물을 때보다 "한국 사람이세요?"라고 물으면 질문받은 아시아인들이 상대적으로 기뻐하는 반응을 보였다. k-pop의 영향으로 "한국 사람이세요?"라는 물음이 아시아인들에게는 '당신은 키가 크고 외모가 좋은 편이며 옷 입는 감각이 뛰어난 걸 보아 한국 사람인 듯하다'라는 의미로 받아들여지는 듯했다. 같은 한국 사람으로서 자랑스러운 영상이 아닐 수 없었다.

나는 17년간 키 성장 전문 한의사로 일했다. 동시에 세 남매의 엄마이기도 하다. 내 팔길이보다 작던 아기가 어느새 내 키보다 크게 자란 모습을 보면 신기하고 놀랍다. 동시에 좀 더 크고 이쁘고 멋지게 키우고 싶은 욕심 또한 앞선다. 부모라면 다 그런 욕심이 있으리라. 아이의 키 성장을 돌보는 것은 아이의 건강을 관리하는 것과 같다. 키 성장은 늦었다고 생각할 때는 정말 늦은 것이다. 같이 육아를 하는 엄마의 마음으로 "우리 아이들, 늦지 않게 건강과 마음까지 두루 살펴 잘 키워보자"라며 격려와 응원을 보낸다.

## 나는 당신의 아이가
# 키가 컸으면 좋겠습니다

제1판 1쇄  2024년 7월 19일

지은이  하성미
펴낸이  한성주
펴낸곳  ㈜두드림미디어
책임편집  최윤경
디자인  김진나(nah1052@naver.com)

**㈜두드림미디어**
등  록  2015년 3월 25일(제2022-000009호)
주  소  서울시 강서구 공항대로 219, 620호, 621호
전  화  02)333-3577
팩  스  02)6455-3477
이메일  dodreamedia@naver.com(원고 투고 및 출판 관련 문의)
카  페  https://cafe.naver.com/dodreamedia

ISBN  979-11-93210-89-5 (13590)